"十二五"高等职业教育机电类专业规划教材

机床电气控制技术

郑建红　任黎明　主编
李杰峰　副主编
周丽喜　主审

中国铁道出版社
CHINA RAILWAY PUBLISHING HOUSE

内 容 简 介

本书根据高职教育改革和发展的需要,从学生职业能力培养、企业岗位任职需求的角度出发,合理选择教学内容。全书共包括 3 个学习情境:三相笼形异步电动机基本控制电路及安装调试、典型机床控制电路安装与故障检修、典型电气控制系统设计、安装与故障检修。其中第一个学习情境包括 6 个教学任务,学生通过完成这些任务,可掌握电动机基本控制电路设计安装与调试的相关知识和技能;第二个学习情境包括 7 个教学任务,主要内容包括 CA6140 型卧式车床、Z3050 摇臂钻床、M1432A 型万能外圆磨床、T68 镗床控制、X62W 万能铣床、组合机床控制电路的安装与故障检修;第三个学习情境的内容为运料小车控制电路的设计、安装与故障检修。本书配教学 PPT 课件,请登录 www.51eds.com 下载。

本书适合作为高职院校机电一体化、电气自动化、机电设备维修与管理等相关专业的教材,也可供从事机电、电气技术工作的工程技术人员参考。

图书在版编目(CIP)数据

机床电气控制技术 / 郑建红,任黎明主编. —北京:
中国铁道出版社,2013.8
"十二五"高等职业教育机电类专业规划教材
ISBN 978-7-113-16474-4

Ⅰ.①机… Ⅱ.①郑… ②任… Ⅲ.①机床－电气控制－高等职业教育－教材 Ⅳ.①TG502.35

中国版本图书馆 CIP 数据核字(2013)第 170476 号

书　　名:机床电气控制技术
作　　者:郑建红　任黎明　主编

策　　划:吴　飞　　　　　　　读者热线:400-668-0820
责任编辑:吴　飞　彭立辉
封面设计:付　巍
封面制作:刘　颖
责任印制:李　佳

出版发行:中国铁道出版社(100054,北京市西城区右安门西街 8 号)
网　　址:http://www.51eds.com
印　　刷:北京市昌平开拓印刷厂
版　　次:2013 年 8 月第 1 版　　2013 年 8 月第 1 次印刷
开　　本:787mm×1092mm　1/16　印张:11.5　字数:271 千
印　　数:1～3000 册
书　　号:ISBN 978-7-113-16474-4
定　　价:24.00 元

前　言

FOREWORD

　　本书根据高职机电、自动化技术专业的培养目标及我国高职教育的改革和发展要求，以"淡化理论，够用为度，培养技能，重在应用"为原则，以培养学生的职业能力为重点，从企业的技术需要和实用教学出发，体现了高职高专培养高技能人才的要求。

　　本书在编写过程中紧贴生产实际，与相关职业标准相对接，知识学习与技能训练与企业岗位需求相对接。本书在内容的选择和问题的阐述方面兼顾了当前科学技术的发展和高职学生的实际水平，既考虑了教学内容的完整性和连续性，又降低了学习难度；既考虑了教学内容概念清晰、突出重点，同时也考虑了后续课程对本课程的要求。全书重点强调了理实一体化，注重培养学生分析和解决实际问题的能力，既满足学生对先进控制技术的应用需要，又能适应高职高专学生的实际水平。

　　本书分为 3 个学习情境：三相笼形异步电动机的基本控制电路及安装调试，典型机床控制电路安装及检修，典型电气控制系统设计、安装与故障检修。每个学习情境包括若干任务，每个任务设置"任务描述""任务分析""知识准备""任务实施""任务评估""知识拓展"等栏目。学生通过完成这些任务，可掌握相关理论知识和操作技能。其中，学习情境 1 包括 6 个任务，主要介绍了电动机的基本控制电路的设计安装与调试；学习情境 2 包括 7 个任务，主要介绍了 CA6140 型卧式车床、Z3050 摇臂钻床、M1432A 型万能外圆磨床、T68 镗床控制、X62W 万能铣床、组合机床控制电路安装与故障检修；学习情境 3 为综合实训，介绍典型电气控制系统设计——运料小车控制电路的设计、安装与故障检修。

　　本书由唐山职业技术学院郑建红、任黎明任主编，唐山职业技术学院李杰峰任副主编，由周丽喜主审。在本书编写的过程中，编者参考了多位专家、学者的著述和研究成果，在此一并表示衷心的感谢。

　　由于时间仓促，编者水平有限，书中难免存在疏漏与不足之处，敬请广大读者批评指正。

编　者

2013 年 4 月

目 录

学习情境 ① 三相笼形异步电动机基本控制电路及安装调试

　　三相笼形异步电动机是基于机床电气控制技术应用系统的基本控制单元。通过对三相笼形异步电动机的基本控制，使学生掌握"机床电气控制技术"课程的核心内容。本学习情境主要介绍典型低压电器元件的选用与维护、电路图的基本识读方法，三相笼形异步电动机的基本控制电路，并能对控制电路进行安装、调试与维护。本学习情境是整个工作过程的最基础性与关键性环节，内容掌握得好坏，直接影响到下一个情境的学习和整个工作的质量。

　　通过典型低压电器的选用与维护方法的学习，使学生对电器元件有一个直观全面的认识，对以后电器元件在控制系统中的应用起着相当重要的作用。通过对三相笼形异步电动机基本控制电路的设计、安装、调试的学习，使学生能全面掌握电气控制的基本知识，在任务实施过程中逐步培养学生提出问题、分析问题、解决问题的能力，有利于学生职业素养的养成。

【学习目标】

1. 知识目标

（1）熟悉低压电器元件的选用与维护。

（2）掌握识读电路图的正确方法。

（3）掌握电气接线安装的基本方法。

（4）掌握电气控制的基本规律。

（5）理解电路中电器元件、各触点的作用。

（6）掌握电动机基本控制电路的安装与维护。

（7）熟悉电气控制电路的检测方法。

2. 技能目标

（1）具备典型低压电器元件的类型识别和结构特点的分析能力。

（2）具备典型低压电器元件的选用、安装与使用能力。

（3）具备典型低压电器元件常见故障的分析判断与处理能力。

（4）具备电工工具的正确使用能力。

（5）具备电气控制电路的安装、调试能力。

（6）具备电气控制电路常见故障的分析判断与处理能力。

3. 情感目标

（1）具有较强的口头与书面表达能力、人际沟通能力。

（2）具有较强的计划、组织、协调和团队合作能力。

（3）具有严格执行工作程序、工作规范、工艺文件和安全操作规程的能力。

(4) 具有良好的思想政治素质和职业道德。

【教学资源配备】

(1) 电工实验操作台。

(2) 三相笼形异步电动机。

(3) 低压电器元件。

(4) 成套电工工具。

(5) 电工测量仪器仪表。

【工作任务分析】

学习情境 1	三相笼形异步电动机基本控制电路及安装调试

任务 1　三相笼形异步电动机点动、连续运转控制电路安装与调试	建议学时:8 学时	难度系数:★★★

学习活动设计: (1) 分组讨论典型低压电器元件如何选择 (2) 分组讨论电气图的绘制规则 (3) 以小组为单位探讨电气控制原理图的画法 (4) 教师示范或演示电气控制电路的接线方法,电路的检测方法 (5) 共同探讨电路的接线、运行、调试方法	技能点: (1) 典型低压电器元件的辨识 (2) 基本电工工具的使用 (3) 电工仪器仪表的使用 (4) 典型低压电器元件的检修 (5) 电气控制电路的接线方法 (6) 电气控制电路的故障检修方法

任务 2　三相笼形异步电动机正反转控制电路安装与调试	建议学时:4 学时	难度系数:★★

学习活动设计: (1) 分组讨论自锁和互锁电路的区别 (2) 共同探讨正反转电气控制电路的常见故障及维修调试方法	技能点: (1) 典型低压电器元件的检修 (2) 电气控制电路的接线及故障检修 (3) 电工仪器仪表的使用

任务 3　两台电动机顺序启动控制电路的安装与调试	建议学时:4 学时	难度系数:★★

学习活动设计: (1) 分组讨论两台电动机顺序启动的方法 (2) 以小组为单位选择电器元件、画出电气控制原理图 (3) 分别按照本组电气图接线 (4) 分析本组电路的故障及维修调试方法 (5) 共同探讨电路及故障维修	技能点: (1) 典型低压电器元件的选用 (2) 电路的设计方法 (3) 电气图的绘制 (4) 电路的接线及故障检修

任务 4　三相笼形异步电动机降压启动控制电路的安装与调试	建议学时:6 学时	难度系数:★★★

学习活动设计: (1) 分组讨论降压启动的原理 (2) 以小组为单位选择所需电器元件、画出电气控制原理图 (3) 分别按照本组电气图接线 (4) 分析本组电路的故障及维修调试方法 (5) 共同探讨电路及故障维修	技能点: (1) 典型低压电器元件的选用 (2) 电路的设计方法 (3) 电气图的绘制 (4) 电路的接线及故障检修

学习情境 1 三相笼形异步电动机基本控制电路及安装调试		
任务 5 三相笼形异步电动机制动控制电路的安装与调试	建议学时:6 学时	难度系数:★★★
学习活动设计: (1) 分组讨论电动机制动的原理 (2) 以小组为单位画出电气控制原理图并进行分析 (3) 分别按照本组电气图接线 (4) 分析本组电路的故障及维修调试方法 (5) 共同探讨电路及故障维修	技能点: (1) 电路的设计、分析方法 (2) 电气图的绘制 (3) 制动电路的接线及故障检修	
任务 6 三相笼形异步电动机调速控制电路安装与调试	建议学时:4 学时	难度系数:★★★
学习活动设计: (1) 分组讨论电动机调速的原理 (2) 以小组为单位画出电气控制原理图并进行分析 (3) 分别按照本组电气图接线 (4) 分析本组电路的故障及维修调试方法 (5) 共同探讨电路及故障维修	技能点: (1) 电路的设计、分析方法 (2) 电气图的绘制 (3) 制动电路的接线及故障检修	

任务 1   三相笼形异步电动机点动、连续运转控制电路安装与调试

任务描述

(1) 能够识别和维护常用低压电器元件。

(2) 利用常用典型低压电器元件连接电动机点动及连续运行控制电路。

(3) 利用电路图、仪表和工具对出现的常见故障进行分析和维护。

三相笼形异步电动机如图 1-1 所示,接线端子如图 1-2 所示。

图 1-1   三相笼形异步电动机

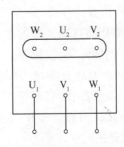

图 1-2   电动机的接线端子

三相异步电动机的铭牌如图 1-3 所示。

三相笼形异步电动机		
型　号　Y132S-6	功　率　3 kW	频　率　50 Hz
电　压　380 V	电　流　7.2 A	连　接　Y
转　速　960 r/min	功率因数　0.76	绝缘等级　B

图 1-3　三相异步电动机的铭牌

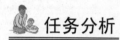 ## 任务分析

本任务的内容主要包括以下几方面：

（1）以工厂使用的典型三相笼形异步电动机为载体，掌握电动机的点动及连续运行控制电路的安装与调试。

（2）了解电动机点动及连续运行控制电路所需的低压电器元件。

（3）对电动机控制电路的简单故障能进行维护。

 ## 知识准备

一、低压电器元件简介

低压电器通常是指工作在交流 50 Hz、额定电压 1 200 V 及以下、直流 1 500 V 及以下的电气设备，在电路中起通断、控制、保护或调解作用。它是电力拖动自动控制系统的基本组成元件。

（1）按所控制的对象分类，分为低压配电电器、低压控制电器。低压配电电器主要用于配电系统，要求有足够的动稳定性与热稳定性；低压控制电器主要用于电力拖动自动控制系统和用电设备中，要求工作准确可靠、操作频率高、寿命长。

（2）按控制作用分类，分为执行电器、控制电器、主令电器。执行电器用来完成某种动作或传递功率，例如电磁铁。控制电器用来控制电路的通断，例如开关、继电器。主令电器用来控制其他自动电器的动作，发出控制"指令"，例如按钮、转换开关等。保护电器用来保护电源、电路及用电设备，使它们不在短路、过载状态下运行，免遭损坏，例如熔断器、热继电器等。

（3）按动作方式分类，分为自动切换电器、非自动电器。自动切换电器是指按照信号或某个物理量的变化而自动动作的电器，例如接触器、继电器等。非自动电器是指通过人力操作而动作的电器，例如开关、按钮等。

（4）按动作原理分类，分为电磁式电器、非电磁式电器。电磁式电器是根据电磁铁的原理工作的，例如接触器、继电器等。非电磁式电器是依靠外力（人力或机械力）或某种非电量的变化而动作的电器，例如行程开关、按钮、速度继电器、热继电器等。

1. 低压开关

1）刀开关

普通刀开关是一种结构最简单且应用最广泛的手控低压电器，主要类型有负荷开关（如胶盖闸刀开关和铁壳开关）、板形刀开关。这里主要对胶盖闸刀开关（简称闸刀）进行介绍。闸刀

开关又称开启式负荷开关,广泛用在照明电路和小容量(5.5 kW)不频繁启动的动力电路的控制电路中,如图 1-4 所示。

常用的刀开关有 HD 系列与 HS 系列,后者为刀形转换开关。它们主要用作隔离电源,无灭弧室的可接通与分断 $0.3I_N$,而有灭弧室的可接通与断开 I_N,但均作为不频繁地接通和分断电路之用。

(1)刀开关的型号及含义如图 1-5 所示。

(2)刀开关的结构。刀开关由手柄、触刀、静插座、铰链支座和绝缘底板等组成。按刀的极数有单极、双极与三极之分。为使刀开关分断时有利于灭弧,有的还装有灭弧罩。

图 1-4　闸刀开关

(3)刀开关的选用。刀开关的主要技术参数有额定电压、额定电流、通断能力、动稳定电流、热稳定电流等。

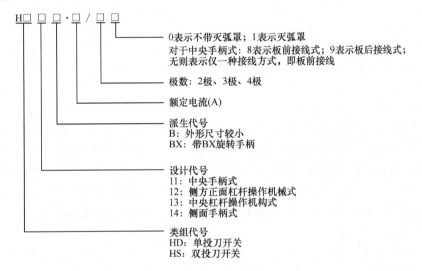

H□ □□ · □ / □□

0表示不带灭弧罩;1表示灭弧罩
对于中央手柄式:8表示板前接线式;9表示板后接线式;无则表示仅一种接线方式,即板前接线

极数:2极、3极、4极

额定电流(A)

派生代号
B:外形尺寸较小
BX:带BX旋转手柄

设计代号
11:中央手柄式
12:侧方正面杠杆操作机械式
13:中央杠杆操作机构式
14:侧面手柄式

类组代号
HD:单投刀开关
HS:双投刀开关

图 1-5　刀开关的型号及含义

电动稳定电流是电路发生短路故障时,刀开关并不因短路电流产生的电动力作用而发生变形、损坏或触刀自动弹出等现象。这一短路电流(峰值)即为刀开关的动稳定电流,可高达额定电流的数十倍。

热稳定电流是指发生短路故障时,刀开关在一定时间(通常为 1 s)内通过某一短路电流,并不会因温度急剧升高而发生熔焊现象,这一最大短路电流称为刀开关的热稳定电流。刀开关的热稳定电流亦可高达额定电流的数十倍。

(4)刀开关的安装。安装刀开关时,瓷底应与地面垂直,手柄向上,易于灭弧,不得倒装或平装。倒装时手柄可能因自重落下而引起误合闸,危机人身和设备安全。

2)组合开关

组合开关又称转换开关,它实质上也是一种特殊的刀开关,只不过一般刀开关的操作手柄是在垂直安装面的平面向上或向下转动,而组合开关的操作手柄则是在平行于安装面的平面内向左或向右转动而已。组合开关多用在机床电气控制电路中,作为电源的引入开关,也可用作不频繁地接通和断开电路、换接电源和负载及控制 5 kW 以下的小容量电动机的正反转和星-三角启动等。

组合开关的内部有 3 对静触点,分别用 3 层绝缘板相隔,各自附有连接电路的接线柱,3个动触点互相绝缘,与各自的静触点对应,套在共同的绝缘杆上,绝缘杆的一端装有操作手柄,即可完成 3 组触点之间的开、合或切换。开关内装有速断弹簧,用以加速开关的分断速度。

组合开关按不同形式配置动触点与静触点,以及绝缘座堆叠层数,可组合成几十种接线方式。

组合开关的主要技术参数有额定电压、额定电流、允许操作频率、极数、可控制电动机最大功率等。

(1) 组合开关的型号及含义如图 1-6 所示。

图 1-6　组合开关的型号及含义

(2) 组合开关的结构。HZ 系列组合开关有 HZ1、HZ2、HZ3、HZ4、HZ5、HZ10 等系列产品,其中 HZ10 系列是全国统一设计产品,具有性能可靠、结构简单、组合性强、寿命长等优点,目前在生产中得到广泛应用。

HZ10-10/3 型组合开关的外形与结构如图 1-7(a)、(b)所示。开关的 3 对静触点分别装在 3 层绝缘垫板上,并附有接线柱,用于与电源及用电设备相接。动触点是由磷铜片(或硬紫铜片)和具有良好灭弧性能的绝缘钢纸板铆合而成,并和绝缘垫板一起套在附有手柄的方形绝缘转轴上。手柄和转轴能在平行于安装面的平面内沿顺时针或逆时针方向每次转动 90°,带动 3 个动触点分别与 3 对静触点接触或分离,实现接通或分断电路的目的。开关的顶盖部分是由滑板、凸轮、扭簧和手柄等构成的操作机构。由于采用了扭簧储能,可使触点快速闭合或分断,从而提高了开关的通断能力。

组合开关的绝缘垫板可以一层层组合起来,最多可达 6 层。按不同方式配置动触点和静触点,可得到不同类型的组合开关,以满足不同的控制要求。

组合开关在电路图中的符号如图 1-7(c)所示。

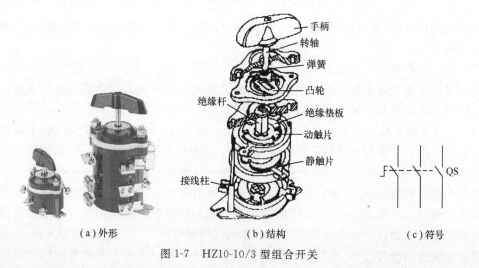

(a)外形　　　　　　(b)结构　　　　　　(c)符号

图 1-7　HZ10-10/3 型组合开关

　　组合开关中,有一类是专为控制小容量三相异步电动机的正反转而设计生产的,如 HZ3-132 型组合开关,俗称倒顺开关或可逆转换开关,其结构如图 1-8 所示。倒顺开关有 6 个固定触点,其中 L1、L2、L3 为一组,与电源进线相连,而 U、V、W 为另一组,与电动机定子绕组相连。当开关手柄置于"顺转"位置时,动触片 I1、I2、I3 分别将 U-L1、V-L2、W-L3 相连接,使电动机正转;当开

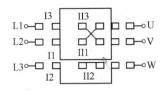

图 1-8　倒顺开关示意图

关手柄置于"逆转"位置时,动触片 II1、II2、II3 分别将 U-L1、V-L3、W-L2 接通,使电动机实现反转;当手柄置于中间位置时,两组动触片均不与固定触点连接,电动机停止运转。触点的通断情况如表 1-1 所示。表中"×"表示触点接通,空白处表示触点断开。

　　倒顺开关在电路图中的符号如图 1-9(c)所示。

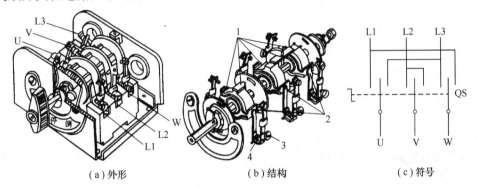

(a)外形　　　　　　(b)结构　　　　　　(c)符号

图 1-9　HZ3-132 型组合开关

1—动触点;2—静触点;3—调节螺钉;4—触点压力弹簧

　　(3)组合开关的选用。组合开关应根据电源种类、电压等级、所需触点数、接线方式和负载容量进行选用。用于直接控制异步电动机的启动和正、反转时,开关的额定电流一般取电动机额定电流的 1.5～2.5 倍。

　　(4)组合开关的安装与使用:

　　① HZ10 系列组合开关应安装在控制箱(或壳体)内,其操作手柄最好在控制箱的前面或侧面。开关为断开状态时应使手柄在水平旋转位置。HZ3系列组合开关外壳上的接地螺钉应可靠接地。

　　② 若需要在箱内操作,开关最好装在箱内右上方,并且在它的上方不安装其他电器,否则应采取隔离或绝缘措施。

表 1-1　倒顺开关触点分合表

触　点	手　柄　位　置		
	倒	停	顺
L1-U	×		×
L2-W	×		
L3-V	×		
L2-V		×	
L3-W		×	

　　③ 组合开关的通断能力较低,不能用来分断故障电流。用于控制异步电动机的正反转时,必须在电动机完全停止转动后才能反向启动,且每小时的接通次数不能超过 15～20 次。

　　④ 当操作频率过高或负载功率因数较低时,应降低开关的容量使用,以延长其使用寿命。

　　⑤ 倒顺开关接线时,应将开关两侧进出线中的一相互换,并看清开关接线端标记,切忌接错,以免产生电源两相短路故障。

　　(5)组合开关的常见故障及处理方法如表 1-2 所示。

表 1-2　组合开关常见故障及处理方法

故　障　现　象	可　能　的　原　因	处　理　方　法
手柄转动后,内部触点未动	(1) 手柄上的轴孔磨损变形 (2) 绝缘杆变形(由方形磨为圆形) (3) 手柄与方轴,或轴与绝缘杆配合松动 (4) 操作机构损坏	(1) 调换手柄 (2) 更换绝缘杆 (3) 紧固松动部件 (4) 修理更换
手柄转动后,动、静触点不能按要求动作	(1) 组合开关型号选用不正确 (2) 触点角度装配不正确 (3) 触点失去弹性或接触不良	(1) 更换开关 (2) 重新装配 (3) 更换触点或清除氧化层或尘污
接线柱间短路	因铁屑或油污附着在接线柱间,形成导电层,将胶木烧焦,绝缘损坏而形成短路	更换开关

3) 负荷开关

在电力拖动控制电路中,负荷开关是由刀开关和熔断器组合而成。负荷开关分为开启式负荷开关和封闭式负荷开关两种。

(1) 开启式负荷开关:俗称胶盖瓷底刀开关,主要用作电气照明电路、电热电路的控制开关,也可用作分支电路的配电开关。三极负荷开关在降低容量情况下,可用作小容量三相感应电动机非频繁启动的控制开关。由于它价格便宜,使用维修方便,故应用十分普遍。

负荷开关由瓷柄、触刀、触刀座、插座、进线座、出线座、熔断体、瓷底板及上、下胶盖等部分组成。与刀开关相比,负荷开关增设了熔断体与防护外壳胶盖两部分。

负荷开关因其内部装设了熔断体,可实现短路保护。

常用的负荷开关有 HK1、HK2 系列。其中,HK1 系列的下胶盖用铰链与瓷底板连接,更换熔断体方便。

在正常情况下对普通负载,可由负载额定电流来选用负荷开关。若用来控制电动机,考虑电动机启动电流,负荷开关应降低容量使用,即负荷开关的额定电流应是电动机额定电流的 3 倍。

① 开启式负荷开关的型号及含义如图 1-10 所示。

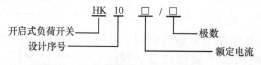

图 1-10　开启式负荷开关的型号及含义

② 开启式负荷开关的结构:HK 系列负荷开关由刀开关和熔断器组合而成,结构如图 1-11(a)所示。开关的瓷底座上装有进线座、静触点、熔体、出线座和带瓷质手柄的刀式动触点,上面盖有胶盖以防止操作时触及带电体或分断时产生的电弧飞出伤人。开启式负荷开关在电路图中的符号如图 1-11(b)所示。

③ 选用:开启式负荷开关的结构简单,价格便宜,在一般的照明电路和功率小于 5.5 kW 的电动机控制电路中被广泛采用。但这种开关没有专门的灭弧装置,其刀式动触点和静夹座易被电弧灼伤引起接触不良,因此不宜用于操作频繁的电路。具体选用方法如下:

a. 用于照明和电热负载时,选用额定电压 220 V 或 250 V,额定电流不小于电路所有负载额定电流之和的两极开关。

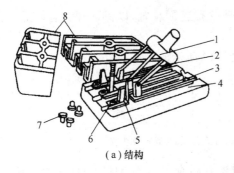
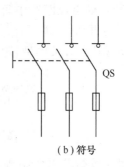

（a）结构　　　　　　　　　　　（b）符号

图 1-11　HK 系列开启式负荷开关

1—瓷质手柄；2—动触点；3—出线座；4—瓷底座；5—静触点；6—进线座；7—胶盖紧固螺钉；8—胶盖

b. 用于控制电动机的直接启动和停止时，选用额定电压 380 V 或 500 V，额定电流不小于电动机额定电流 3 倍的三极开关。

④ 安装与使用：

a. 开启式负荷开关必须垂直安装在控制屏或开关板上，且合闸状态时手柄应朝上。不允许倒装或平装，以防发生误合闸事故。

b. 开启式负荷开关控制照明和电热负载使用时，要装接熔断器作短路和过载保护。接线时应把电源进线接在静触点一边的进线座，负载接在动触点一边的出线座，这样在开关断开后，闸刀和熔体上都不会带电。开启式负荷开关用作电动机的控制开关时，应将开关的熔体部分用铜导线直连，并在出线端另外加装熔断器作短路保护。

c. 更换熔体时，必须在闸刀断开的情况下按原规格更换。

d. 在分闸和合闸操作时，应动作迅速，使电弧尽快熄灭。

⑤ 常见故障及处理方法：开启式负荷开关的常见故障及处理方法如表 1-3 所示。

表 1-3　开启式负荷开关常见故障及处理方法

故障现象	可能的原因	处理方法
合闸后，开关一相或两相开路	(1) 静触点弹性消失，开口过大，造成动、静触点接触不良 (2) 熔丝熔断或虚连 (3) 动、静触点氧化或有尘污 (4) 开关进线或出线线头接触不良	(1) 修整或更换静触点 (2) 更换熔丝或紧固 (3) 清洁触点 (4) 重新连接
合闸后，熔丝熔断	(1) 外接负载短路 (2) 熔体规格偏小	(1) 排除负载短路故障 (2) 按要求更换熔体
触点烧坏	(1) 开关容量太小 (2) 拉、合闸动作过慢，造成电弧过大，烧坏触点	(1) 更换开关 (2) 修整或更换触点，并改善操作方法

（2）封闭式负荷开关：俗称铁壳开关，一般用于电力排灌、电热器、电气照明电路的配电设备中，用来不频繁地接通与分断电路。其中容量较小者（额定电流为 60 A 及以下），还可用作感应电动机的非频繁全电压启动的控制开关。

表封闭式负荷开关主要由触点和灭弧系统、熔断体及操作机构等组成，并将其装于一防护外壳内。其操作机构有两个特点：一是采用储能合闸方式，即利用一根弹簧以执行合闸和分闸之功能，使开关的闭合和分断速度与操作速度无关。它既有助于改善开关的动作性能和灭弧性能，又能防止触点停滞在中间位置。二是设有连锁装置，以保证开关合闸后便不能打开箱盖，而在箱盖打开后，不能再合开关。

① 封闭式负荷开关的型号及含义如图 1-12 所示。

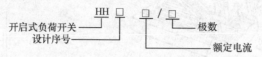

图 1-12　封闭式负荷开关的型号及含义

② 封闭式负荷开关的结构：常用的封闭式负荷开关有 HH3、HH4、HH10、HH11 等系列，其中 HH4 系列为全国统一设计产品，其外形与结构结构如图 1-13 所示。它主要由刀开关、熔断器、操作机构和外壳组成。这种开关的操作机构具有以下两个特点：一是采用了储能分合闸方式，使触点的分合速度与手柄操作速度无关，有利于迅速熄灭电弧，从而提高开关的通断能力，延长其使用寿命。二是设置了连锁装置，保证开关在合闸状态下开关盖不能开启，而当开关盖开启时又不能合闸，确保操作安全。

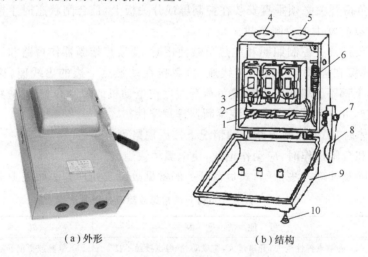

（a）外形　　　　　　　　　　（b）结构

图 1-13　HH 系列封闭式负荷开关

1—动触刀；2—静夹座；3—熔断器；4—进线孔；5—出线孔；6—速断弹簧；

7—转轴；8—手柄；9—开关盖；10—开关盖锁紧螺钉

封闭式负荷开关在电路图中的符号与开启式负荷开关相同。

③ RC1A 系列插入式熔断器的选用：

a. 封闭式负荷开关的额定电压应不小于电路工作电压。

b. 封闭式负荷开关若用来控制电动机时，负荷开关的额定电流应是电动机额定电流的 2 倍左右。若用来控制一般电热、照明电路，其额定电流按该电路的额定电流选择。

④ RC1A 系列插入式熔断器的安装与使用：

a. 封闭式负荷开关必须垂直安装，安装高度一般离地不低于 $1.3\sim1.5$ m，并以操作方便和安全为原则。

b. 开关外壳的接地螺钉必须可靠接地。

c. 接线时，应将电源进线接在静夹座一边的接线端子上，负载引线接在熔断器一边的接线端子上,且进出线都必须穿过开关的进出线孔。

d. 分合闸操作时,要站在开关的手柄侧,不准面对开关,以免因意外故障电流使开关爆炸,铁壳飞出伤人。

e. 一般不用额定电流 100 A 及以上的封闭式负荷开关控制较大容量的电动机,以免发生飞弧灼伤手事故。

⑤ RC1A 系列插入式熔断器的常见故障及处理方法如表 1-4 所示。

表 1-4　封闭式负荷开关常见故障及处理方法

故 障 现 象	可 能 的 原 因	处 理 方 法
操作手柄带电	(1) 外壳未接地或接地线松脱 (2) 电源进出线绝缘损坏碰壳	(1) 检查后,加固接地导线 (2) 更换导线或恢复绝缘
夹座(静触点)过热或烧坏	(1) 夹座表面烧毛 (2) 闸刀与夹座压力不足 (3) 负载过大	(1) 用细锉修整夹座 (2) 调整夹座压力 (3) 减轻负载或更换大容量开关

2. 熔断器

熔断器是低压配电网络和电力拖动系统中主要用作短路保护的电器。使用时串联在被保护的电路中,当电路发生短路故障,通过熔断器的电流达到或超过某一规定值时,以其自身产生的热量使熔体熔断,从而自动分断电路,起到保护作用。它具有结构简单、价格便宜、动作可靠、使用维护方便等优点,因此得到广泛应用。

1) 熔断器的结构与主要技术参数

(1) 熔断器的结构。熔断器主要由熔体(俗称保险丝)和安装熔体的熔管(或熔座)两部分组成。熔体是熔断器的主要组成部分,常做成丝状、片状或栅状。熔体的材料通常有两种:一种是由铅、铅锡合金或锌等熔点低的材料制成,多用于小电流电路;另一种是由银、铜等熔点较高的金属制成,多用于大电流电路。熔管是熔体的保护外壳,用耐热绝缘材料制成,在熔体熔断时兼有灭弧作用。熔座是熔断器的底座,作用是固定熔管和外接引线。

(2) 熔断器的主要技术参数:

① 额定电压:熔断器的额定电压是指能保证熔断器长期正常工作的电压。若熔断器的实际工作电压大于其额定电压,熔体熔断时可能会发生电弧不能熄灭的危险。

② 额定电流:熔断器的额定电流是指保证熔断器能长期正常工作的电流,是由熔断器各部分长期工作时的允许温升决定的。它与熔体的额定电流是两个不同的概念。熔体的额定电流是指在规定的工作条件下,长时间通过熔体而熔体不熔断的最大电流值。通常,一个额定电流等级的熔断器可以配用若干个额定电流等级的熔体,但熔体的额定电流不能大于熔断器的额定电流值。

③ 分断能力:在规定的使用和性能条件下,熔断器在规定电压下能分断的预期分断电流值。常用极限分断电流值来表示。

④ 时间-电流特性:在规定工作条件下,表征流过熔体的电流与熔体熔断时间关系的函数曲线,又称保护特性或熔断特性,如图 1-14 所示。其中,$I_{R_{min}}$ 为电阻最小时

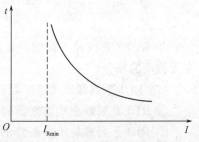

图 1-14　熔断器的时间-电流特性

的电流。

从特性上可看出,熔断器的熔断时间随着电流的增大而减小,即熔断器通过的电流越大,熔断时间越短。一般熔断器的熔断时间与熔断电流的关系如表 1-5 所示。其中,I_N 为额定电流。

表 1-5　熔断器的熔断电流与熔断时间的关系

熔断电流 I_s/A	$1.25I_N$	$1.6I_N$	$2.0I_N$	$2.5I_N$	$3.0I_N$	$4.0I_N$	$8.0I_N$	$10.0I_N$
熔断时间 t/s	∞	3 600	40	8	4.5	2.5	1	0.4

可见,熔断器对过载反应是很不灵敏的,当电气设备发生轻度过载时,熔断器将持续很长时间才熔断,有时甚至不熔断。因此,除在照明电路中外,熔断器一般不宜用作过载保护,主要用作短路保护。

2)常用的低压熔断器

熔断器按结构形式分为半封闭插入式、无填料封闭管式、有填料封闭管式和自复式 4 类。

(1) RC1A 系列插入式熔断器(瓷插式熔断器):

① RC1A 系列插入式熔断器的型号及含义如图 1-15 所示。

```
        R C 1 A - □
熔断器 ──┘ │ │ │   └── 额定电流
插入式 ────┘ │ └────── 改型设计
             └──────── 设计序号
```

图 1-15　RC1A 系列插入式熔断器的型号及含义

② RC1A 系列插入式熔断器的结构。RC1A 系列插入式熔断器是在 RC1 系列的基础上改进设计的,可取代 RC1 系列老产品,属半封闭插入式,它由瓷座、瓷盖下接线座、瓷帽及熔丝等部分组成,其结构如图 1-16 所示。

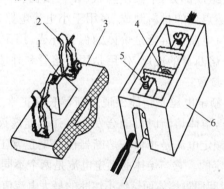

图 1-16　RC1A 系列无填料封闭管式熔断器
1、6—瓷座;2—下接线座;3—瓷盖;4—熔丝;5—瓷帽

③ RC1A 系列插入式熔断器的用途。这种熔断器结构简单,更换方便,价格低廉,一般用在无振动的场合。

(2) RL1 系列螺旋式熔断器:

① RL1 系列螺旋式熔断器的型号及含义如图 1-17 所示。

② RL1 系列螺旋式熔断器的结构。这种熔断器属于有填料封闭管式,其外形和结构如图 1-18 所示。它主要由瓷帽、熔断管、瓷套、下接线座及瓷座等部分组成。

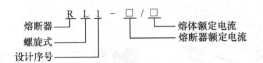

图 1-17　RL1 系列螺旋式熔断器的型号及含义

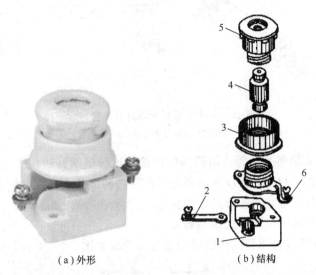

（a）外形　　　　（b）结构

图 1-18　RL1 系列无填料封闭管式熔断器

1—瓷座；2—下接线座；3—瓷套；4—熔断管；5—瓷帽；6—瓷座

该系列熔断器的熔断管内,在熔丝的周围填充着石英砂以增强灭弧性能。熔丝焊在瓷管两端的金属盖上,其中一端有一个标有不同颜色的熔断指示器,当熔丝熔断时,熔断指示器自动脱落,此时只须更换同规格的熔管即可。

③ RL1 系列螺旋式熔断器的用途。这种熔断器的分断能力较高,结构紧凑,体积小,安装面积小,更换熔体方便,工作安全可靠,并且熔丝熔断后有明显指示,因此广泛应用于控制箱、配电屏、机床设备及振动较大的场合,在交流额定电压 500 V、额定电流 200 A 及以下的电路中,作为短路保护器件。

（3）RM10 系列无填料封闭管式熔断器:

① RM10 系列无填料封闭管式熔断器的型号及含义,如图 1-19 所示。

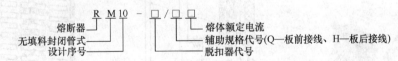

图 1-19　RM10 系列无填料封闭管式熔断器的型号及含义

② RM10 系列无填料封闭管式熔断器的结构。这种熔断器主要由熔断管、熔体、夹头及夹座等部分组成。RM10 系列熔断器的外形与结构如图 1-20 所示。

这种结构的熔断器具有两个特点:一是采用钢纸管作熔管,当熔体熔断时,钢纸管内壁在电弧热量的作用下产生高压气体,使电弧迅速熄灭;二是采用变截面锌片作熔体,当电路发生短路故障时,锌片几处狭窄部位同时熔断,形成较大空隙,因此灭弧容易。

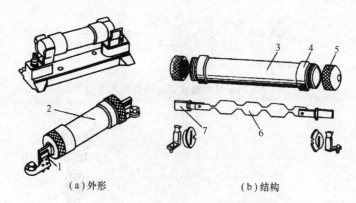

（a）外形　　　　　　　　　（b）结构

图 1-20　RM10 系列无填料封闭管式熔断器

1—夹座；2—熔断管；3—钢纸管；4—黄铜套管；5—黄铜帽；6—熔体；7—刀形夹头

③ RM10 系列无填料封闭管式熔断器的用途。这种熔断器适用于交流 50 Hz、额定电压 380 V 或直流额定电压 440 V 及以下电压等级的动力网络和成套配电设备中，作为导线、电缆及较大容量电气设备的短路和连续过载保护。

（4）RT0 系列有填料封闭管式熔断器：

① RT0 系列有填料封闭管式熔断器的型号及含义如图 1-21 所示。

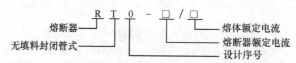

图 1-21　RT0 系列有填料封闭管式熔断器的型号及含义

② RT0 系列有填料封闭管式熔断器的结构。这种熔断器主要由熔管、底座、夹头、夹座等部分组成，其外形与结构如图 1-22 所示。

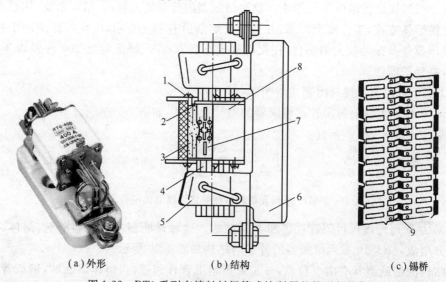

（a）外形　　　　　　（b）结构　　　　　　（c）锡桥

图 1-22　RT0 系列有填料封闭管式熔断器的外形与结构

1—熔断指示器；2—石英砂填料；3—指示器熔丝；4—夹头；5—夹座；6—底座；7—熔体；8—熔管；9—锡桥

它的熔管用高频电工瓷制成。熔体是两片网状纯铜片,中间用锡桥连接。熔体周围填满石英砂,在熔体熔断时起灭弧作用。该系列熔断器配有熔断指示装置,熔体熔断后,显示出醒目的红色熔断信号。

当熔体熔断后,可使用配备的专用绝缘手柄在带电的情况下更换熔管,装取方便,安全可靠。

③ RT0 系列有填料封闭管式熔断器的用途。这种熔断器是一种大分断能力的熔断器,广泛用于短路电流较大的电力输配电系统,作为电缆、导线和电气没备的短路保护及导线、电缆的过载保护。

(5)快速熔断器:又称半导体器件保护用熔断器,主要用于半导体功率元件的过电流保护。由于半导体元件承受过电流的能力很差,只允许在较短的时间内承受一定的过载电流(如 70 A 的晶闸管能承受 6 倍额定电流的时间仅为 10 ms),因此要求短路保护元件应具有快速动作的特征。快速熔断器能满足这一要求,且结构简单,使用方便,动作灵敏可靠,因而得到了广泛应用。

目前,常用的快速熔断器有 RS0、RS3、RLS2 等系列,RLS2 系列的结构与 RL1 系列相似,适用于小容量硅元件及其成套装置的短路和过载保护;RS0 和 RS3 系列适用于半导体整流元件和晶闸管的短路和过载保护,它们的结构相同,但 RS3 系列的动作更快,分断能力更高。RS0 系列快速熔断器的外形如图 1-23 所示。

图 1-23　RS0 系列快速熔断器的外形

(6)自复式熔断器:由金属钠制成熔丝,它在常温下具有高电导率(略次于铜)。当发生短路故障时,短路电流将金属钠加热气化成高温、高压的等离子状态,使其电阻急剧增加,从而起到限流作用。此时,熔体气化后产生的高压推动活塞向右移动,压缩氩气。当断路器切开由自复熔断器限制了的短路电流后,钠蒸气温度下降,压力也随之下降,原来受压的氩气又凝结成液态和固态,其电阻值也降低为原值,供再次使用。常用的自复式熔断器有 RZ1 系列熔断器,其内部结构如图 1-24 所示。由于该熔断器只能限流,不能分断电路,故常与断路器串联使用,以提高分断能力。

目前,在电子电路得到广泛应用的自恢复熔丝是一种新型的电子保护元件,由高科技聚合树脂及纳米导电晶粒经特殊工艺加工制成。正常情况下,纳米导电晶体随树脂基链接形成链状导电通路,熔丝正常工作;当电路发生短路或者过载时,流经熔丝的大电流使其集温升高,当达到居里温度时,其态密度迅速减小,相变增大,内部的导电链路呈雪崩态变或断裂,熔丝呈阶跃式迁到高阻态,电流被迅速夹断,从而对电路进行快速、准确地限制和保护,其微小的电流使熔丝一直处于保护状态,当断电和故障排除后,其集温降低,态密度增大,纳米晶体还原成链状导电通路,自恢复熔丝恢复为正常状态,无须人工更换。其外形如图 1-25 所示。

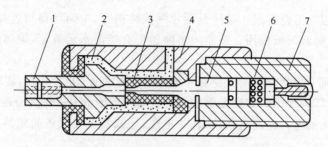

图 1-24 RZ1 系列熔断器的结构

1—接线端子；2—云母玻璃；3—氧化铍瓷管；4—不锈钢外壳；5—钠熔体；6—氩气；7—接线端子

熔断器在电路图中的符号如图 1-26 所示。

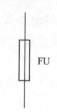

FU

图 1-25 自复式熔断器外形   图 1-26 熔断器符号

3）熔断器的选择

熔断器和熔体只有经过正确的选择，才能起到应有的保护作用。

（1）熔断器类型的选择。根据使用环境和负载性质选择适当类型的熔断器。例如，用于容量较小的照明电路，可选用 RC1A 系列插入式熔断器；在开关柜或配电屏中可选用 RM10 系列无填料封闭管式熔断器；对于短路电流相当大或有易燃气体的地方，应选用 RT0 系列有填料封闭管式熔断器；在机床控制电路中，多选用 RL1 系列螺旋式熔断器；用于半导体功率元件及晶闸管保护时，则应选用 RLS 或 RS 系列快速熔断器等。

（2）熔体额定电流的选择：

① 对照明、电热等电流较平稳、无冲击电流的负载短路保护，熔体的额定电流应等于或稍大于负载的额定电流。

② 对一台不经常启动且启动时间不长的电动机的短路保护，熔体的额定电流 I_{RN} 应大于或等于 1.5～2.5 倍电动机额定电流，即

$$I_{RN} \geqslant (1.5\sim2.5)I_N \tag{1-1}$$

对于频繁启动或启动时间较长的电动机，式（1-1）的系数应增加到 3～3.5。

③ 对多台电动机的短路保护，熔体的额定电流应大于或等于其中最大容量电动机的额定电流 I_{Nmax} 的 1.5～2.5 倍加上其余电动机额定电流的总和 ΣI_N，即

$$I_{RN} \geqslant (1.5\sim2.5)I_{Nmax} + \sum_{1}^{n-1} I_N \tag{1-2}$$

在电动机的功率较大而实际负载较小时，熔体额定电流可适当小些，小到电动机启动时熔

体不熔断为准。

（3）熔断器额定电压和额定电流的选择。熔断器的额定电压必须等于或大于电路的额定电压；熔断器的额定电流必须等于或大于所装熔体的额定电流。

（4）熔断器的分断能力应大于电路中可能出现的最大短路电流。

4）熔断器的安装与使用

（1）熔断器应完整无损，安装时应保证熔体和夹头以及夹头和夹座接触良好，并具有额定电压、额定电流值标志。

（2）插入式熔断器应垂直安装，螺旋式熔断器的电源线应接在瓷底座的下接线座上，负载线应接在螺纹壳的上接线座上。这样在更换熔断管时，旋出螺帽后螺纹壳上不带电，保证了操作者的安全。

（3）熔断器内要安装合格的熔体，不能用多根小规格熔体并联代替一根大规格熔体。

（4）安装熔断器时，各级熔体应相互配合，并做到下一级熔体规格比上一级规格小。

（5）安装熔丝时，熔丝应在螺栓上沿顺时针方向缠绕，压在垫圈下，拧紧螺钉的力应适当，以保证接触良好。同时注意不能损伤熔丝，以免减小熔体的截面积，产生局部发热而产生误动作。

（6）更换熔体或熔管时，必须切断电源。尤其不允许带负荷操作，以免发生电弧灼伤。

（7）对 RM10 系列熔断器，在切断过 3 次相当于分断能力的电流后，必须更换熔断管，以保证能可靠地切断所规定分断能力的电流。

（8）熔断器兼做隔离器件使用时应安装在控制开关的电源进线端；若仅做短路保护用，应装在控制开关的出线端。

3. 断路器

低压断路器又称自动开关或空气开关。它相当于刀开关、熔断器、热继电器和欠电压继电器的组合，是一种既有手动开关作用又能自动进行欠压、失压、过载和短路保护的电器。在正常情况下可用于不频繁地接通和断开电路以及控制电动机的运行。

断路器具有操作安全、安装使用方便、工作可靠、动作值可调、分断能力较高、兼顾多种保护、动作后不需要更换元件等优点，因此得到广泛应用。

断路器按结构形式可分为塑壳式（又称装置式）、框架式（又称万能式）、限流式、直流快速式、灭磁式和漏电保护式等 6 类。

在电力拖动控制系统中常用的低压断路器是 DZ 系列塑壳式断路器，如 DZ5 系列和 DZ10 系列。其中，DZ5 为小电流系列，额定电流为 10～50 A。DZ10 为大电流系列，额定电流有100 A、250 A、600 A 等 3 种。下面以 DZ5-20 型断路器为例介绍断路器。

1）断路器的型号及含义（见图 1-27）

2）断路器的结构及工作原理

DZ5-20 型断路器的外形和内部结构如图 1-28所示。断路器主要由动触点、静触点、灭弧装置、操作机构、热脱扣器、电磁脱扣器及外壳等部分组成。其结构采用立体布置，操作机构在中间，上面是由加热元件和双金属片等构成的热脱扣器，作过载保护，配有电流调节装置，调节整定电流。

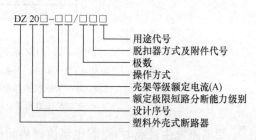

图 1-27　断路器的型号及含义

　　下面是由线圈和铁心等组成的电磁脱扣器,作短路保护。它也有一个电流调节装置,调节瞬时脱扣整定电流。主触点在操作机构后面,由动触点和静触点组成,配有栅片灭弧装置,用以接通和分断主回路的大电流。另外,还有常开和常闭辅助触点各一对。主、辅触点的接线柱均伸出壳外,以便于接线。在外壳顶部还伸出接通(绿色)和分断(红色)按钮,通过储能弹簧和杠杆机构实现断路器的手动接通和分断操作。

（a）外形

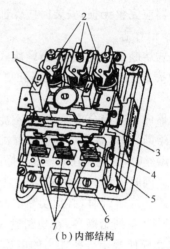
（b）内部结构

图 1-28　DZ5-20 型断路器

1—按钮;2—电磁脱扣器;3—自由脱扣器;4—动触点;5—静触点;6—接线柱;7—热脱扣器

　　断路器的工作原理(见图 1-29)。使用时断路器的 3 副主触点串联在被控制的三相电路中,按下接通按钮时,外力使锁扣克服反作用弹簧的反力,将固定在锁扣上面的动触点与静触点闭合,并由锁扣锁住搭钩使动静触点保持闭合,开关处于接通状态。

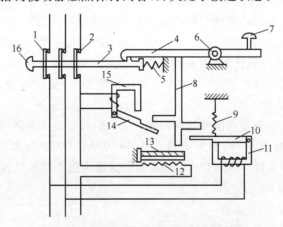

图 1-29　DZ 系列断路器工作原理示意图

1—动触点;2—静触点;3—锁扣;4—搭钩;5—反作用弹簧;6—转轴座;7—分断按钮;
8—杠杆;9—拉力弹簧;10—欠压脱扣器衔铁;11—欠压脱扣器;12—热元件;13—双金属片;
14—电磁脱扣器衔铁;15—电磁脱扣器;16—接通按钮

　　当电路发生过载时,过载电流流过热元件产生一定的热量,使双金属片受热向上弯曲,通过杠杆推动搭钩与锁扣脱开,在反作用弹簧的推动下,动、静触点分开,从而切断电路,使用电设备不致因过载而烧毁。

当电路发生过载时,过载电流流过热元件产生一定的热量,使双金属片受热向上弯曲,通过杠杆推动搭钩与锁扣脱开。在反作用弹簧的推动下,动、静触点分开,从而切断电路,使用电设备不致因过载而烧毁。

当电路发生短路故障时,短路电流超过电磁脱扣器的瞬时脱扣整定电流,电磁脱扣器产生足够大的吸力将衔铁吸合,通过杠杆推动搭钩与锁扣分开,从而切断电路,实现短路保护。低压断路器出厂时,电磁脱扣器的瞬时脱扣整定电流一般整定为 $10I_N$(I_N 为断路器的额定电流)。

欠压脱扣器的动作过程与电磁脱扣器恰好相反。当电路电压正常时,欠压脱扣器的衔铁被吸合,衔铁与杠杆脱离,断路器的主触点能够闭合;当电路上的电压消失或下降到某一数值时,欠压脱扣器的吸力消失或减小到不足以克服拉力弹簧的拉力时,衔铁在拉力弹簧的作用下撞击杠杆,将搭钩顶开,使触点分断。由此也可看出,具有欠压脱扣器的断路器在欠压脱扣器两端无电压或电压过低时,不能接通电路。

需要手动分断电路时,按下分断按钮即可。断路器在电路图中的符号如图 1-30 所示。

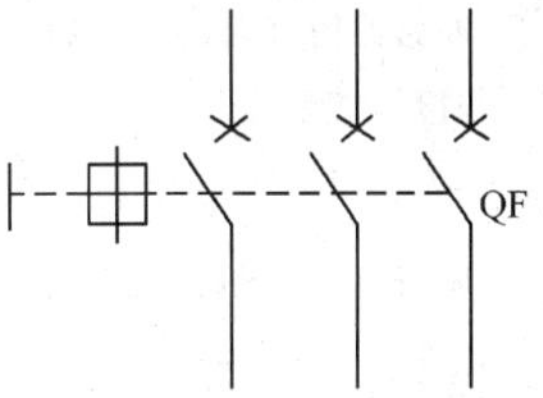

图 1-30　断路器的符号

3)断路器的一般选用原则

(1)断路器的额定电压和额定电流应不小于电路的正常工作电压和计算负载电流。

(2)热脱扣器的整定电流应等于所控制负载的额定电流。

(3)电磁脱扣器的瞬时脱扣整定电流 I_Z 应大于负载正常工作时可能出现的峰值电流。用于控制电动机的断路器,其瞬时脱扣整定电流可按式(1-3)选取。

$$I_Z = kI_{st} \tag{1-3}$$

式中　k——安全系数,可取 1.5~1.7;

　　　I_{st}——电动机的启动电流。

(4)欠压脱扣器的额定电压应等于电路的额定电压。

(5)断路器的极限通断能力应不小于电路最大短路电流。

4)断路器的安装与使用

(1)断路器应垂直于配电板安装,电源引线应接到上端,负载引线接到下端。

(2)断路器用作电源总开关或电动机的控制开关时,在电源进线侧必须加装刀开关或熔断器等,以形成明显的断开点。

(3)断路器在使用前应将脱扣器工作面的防锈油脂擦干净;各脱扣器动作值一经调整好,不允许随意变动,以免影响其动作值。

(4)使用过程中若遇分断短路电流,应及时检查触点系统,若发现电灼烧痕,应及时修理或更换。

(5)断路器上的积尘应定期清除,并定期检查脱扣器动作值,给操作机构添加润滑剂。

5)断路器的常见故障及处理

断路器的常见故障及处理方法如表 1-6 所示。

表 1-6   断路器的常见故障及处理方法

故障现象	可能的原因	处理方法
不能合闸	(1) 欠压脱扣器无电压或线圈损坏 (2) 储能弹簧变形 (3) 反作用弹簧力过大 (4) 机构不能复位再扣	(1) 检查施加电压或更换线圈 (2) 更换储能弹簧 (3) 重新调整 (4) 调整再扣接触面至规定值
电流达到整定值,断路器不动作	(1) 热脱扣器双金属片损坏 (2) 电磁脱扣器的衔铁与铁心距离太大或电磁线圈损坏 (3) 主触点熔焊	(1) 更换双金属片 (2) 调整衔铁与铁心的距离或更换断路器 (3) 检查原因并更换主触点
启动电动机时断路器立即分断	(1) 电磁脱扣器瞬动整定值过小 (2) 电磁脱扣器某些零件损坏	(1) 调高整定值至规定值 (2) 更换脱扣器
断路器闭合后经一定时间自行分断	热脱扣器整定值过小	调高整定值至规定值
断路器温升过高	(1) 触点压力过小 (2) 触点表面过分磨损或接触不良 (3) 两个导电零件连接螺钉松动	(1) 调整触点压力或更换弹簧 (2) 更换触点或修整接触面 (3) 重新拧紧

4. 主令电器

主令电器是指在电气自动控制系统中用来发出信号指令的电器。它的信号指令将通过继电器、接触器和其他电器的动作,接通和分断被控制电路,以实现对电动机和其他机械的远距离控制。常用的主令电器有控制按钮、行程开关、接近开关、万能转换开关、主令控制器等。这里只介绍控制按钮。

控制按钮是短时接通或者分断小电流电路的控制电器,通常需要手动才能动作的控制开关,并通过储能弹簧使其复位。按钮的触点允许通过的电流较小,一般不超过 5 A,因此一般情况下它不直接控制主电路的通断,而是在控制电路中发出指令或信号去控制接触器、继电器等电器,再由它们去控制主电路的通断、功能转换或电气连锁。

1) 按钮的型号及含义(见图 1-31)

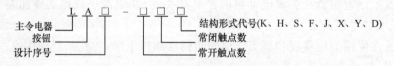

图 1-31   按钮的型号及含义

其中结构形式代号的含义:K——开启式,适用于嵌装在操作面板上;H——保护式,带保护外壳,可防止内部零件受机械损伤或人偶然触及带电部分;S——防水式,具有密封外壳,可防止雨水侵入;F——防腐式,能防止腐蚀性气体进入;J——紧急式,带有红色大蘑菇钮头(突出在外),作紧急切断电源用;X——旋钮式,用旋钮旋转进行操作,有通和断两个位置;Y——钥匙操作式,用钥匙插入进行操作,可防止误操作或供专人操作;D——光标按钮,按钮内装有信号灯,兼作信号指示。

2）按钮的外形及结构

部分常见按钮的外形如图 1-32 所示。

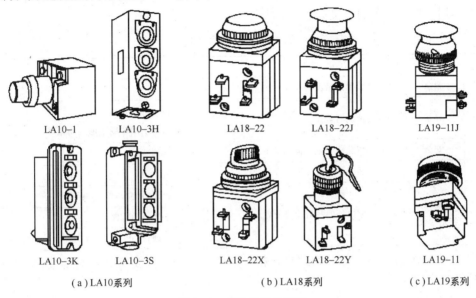

|LA10-1|LA10-3H|LA18-22|LA18-22J|LA19-11J|
|LA10-3K|LA10-3S|LA18-22X|LA18-22Y|LA19-11|

（a）LA10系列　　　　（b）LA18系列　　　　（c）LA19系列

图 1-32　部分按钮的外形

按钮一般由按钮帽、复位弹簧、桥式动触点、静触点、支柱连杆及外壳等部分组成，如图 1-33 所示。

按钮按静态（不受外力作用）时触点的分合状态，可分为常开按钮（启动按钮）、常闭按钮（停止按钮）和复合按钮（常开、常闭组合为一体的按钮）。

（1）常开按钮：未按下时，触点是断开的；按下时触点闭合；当松开后按钮自动复位。

（2）常闭按钮：与常开按钮相反，未按下时，触点是闭合的；按下时触点断开；当松开后，按钮自动复位。

（3）复合按钮：将常开和常闭按钮组合为一体。按下复合按钮时，其常闭触点先断开，然后常开触点再闭合；而松开时，常开触点先断开，然后常闭触点再闭合。

目前，在生产机械中常用的按钮有 LA18、LA19 和 LA20 等系列。其中，LA18 系列采用积木式拼接

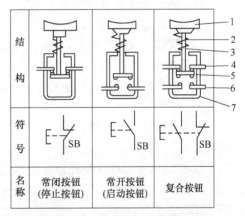

结构			
符号	E-7 SB	E-7 SB	E-7 SB
名称	常闭按钮（停止按钮）	常开按钮（启动按钮）	复合按钮

图 1-33　按钮的结构与符号
1—按钮帽；2—复位弹簧；3—支柱连杆；
4—常闭静触点；5—桥式动触点；
6—常开静触点；7—外壳

装配基座，触点数目可按需要拼装，一般装成两常开、两常闭，也可装成四常开、四常闭或六常开、六常闭。结构形式有揿钮式、旋钮式、紧急式和钥匙式。LA19 系列的结构与 LA18 相似，但只有一对常开和一对常闭触点。该系列中有在按钮内装有信号灯的光标按钮，其按钮帽用透明塑料制成，兼做信号灯罩。LA20 系列与 IA18、LA19 系列相似，也是组合式的，它除了有光标式外，还有由两个或 3 个元件组合为一体的开启式和保护式产品。复合按钮具有一常开、

一常闭,两常开、两常闭和三常开、三常闭 3 种。

为了便于操作人员识别,避免发生误操作,生产中用不同的颜色和符号标志来区分按钮的功能及作用。按钮颜色的含义如表 1-7 所示。

表 1-7　按钮颜色的含义

颜色	含义	说　明	应　用　示　例
红	紧急	危险或紧急情况时操作	急停
黄	异常	异常情况时操作	干预、制止异常情况 干预、重新启动中断了的自动循环
绿	安全	安全情况或为正常情况准备时操作	启动/接通
蓝	强制性的	要求强制动作情况下的操作	复位功能
白	未赋予特定含义	除急停以外的一般功能的启动	启动/接通(优先);停止/断开
灰			启动/接通;停止/断开
黑			启动/接通;停止/断开(优先)

图 1-34 所示为急停按钮和钥匙操作按钮的符号。但不同类型和用途的按钮在电路图中的符号不完全相同。

3)按钮的安装与使用

(1)按钮安装在面板上时,应布置整齐,排列合理,如根据电动机启动的先后顺序,从上到下或从左到右排列。

(2)同一机床运动部件有几种不同的工作状态时(如上、下,前、后,松、紧等),应使每一对相反状态的按钮安装在一组。

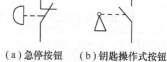

(a)急停按钮　(b)钥匙操作式按钮

图 1-34　按钮符号

(3)按钮的安装应牢固,安装按钮的金属板或金属按钮盒必须可靠接地。

(4)由于按钮的触点间距较小,如有油污等极易发生短路故障,所以应注意保持触点间的清洁。

(5)光标按钮一般不宜用于长期通电显示处,以免塑料外壳过度受热而变形,使更换灯泡困难。

4)按钮的常见故障及处理方法(见表 1-8)

表 1-8　按钮的常见故障及处理方法

故障现象	可　能　的　原　因	处　理　方　法
触点接触不良	(1)触点烧损 (2)触点表面有尘垢 (3)触点弹簧失效	(1)修整触点或更换产品 (2)清洁触点表面 (3)重绕弹簧或更换产品
触点间短路	(1)塑料受热变形,导致接线螺钉相碰短路 (2)杂物或油污在触点间形成通路	(1)更换产品,并查明发热原因,如灯泡发热所致,可降低电压 (2)清洁按钮内部

5. 接触器

接触器是一种自动的电磁式开关,适用于远距离频繁地接通或断开交直流主电路及大容量控制电路。大多数情况下,其主要控制对象是电动机,也可用于控制其他负载,如电热设备、电焊机以及电容器组等。它不仅能实现远距离自动操作和欠电压释放保护功能,而且具有控制容量大、工作可靠、操作频率高、使用寿命长等优点,因而在电力拖动系统中得到广泛应用。

接触器按驱动触点系统的动力不同分为电磁接触器、气动接触器、液压接触器等。电磁接触器由触点系统、电磁机构、弹簧、灭弧装置及支架底座等部分组成。按主触点控制电流的性质不同可分为直流接触器与交流接触器,而按电磁系统的励磁方式可分为直流励磁操作与交流励磁操作两种。

接触器的主要技术参数有接触器额定电压、额定电流、主触点接通与分断能力、电气寿命和机械寿命、线圈启动功率与吸持功率等。

根据我国电压标准,接触器额定电压为交流 380 V、660 V 及 110 V,直流 220 V、440 V 及 660 V。目前,生产的接触器额定电流一般小于或等于 630 A。

接触器的机械寿命一般可达数百万次以至 1 000 万次;电气寿命一般是机械寿命的 5%~20%。

交流接触器线圈的视在功率分为启动视在功率和吸持视在功率。下面介绍交流接触器:

交流接触器的种类很多,目前常用的有我国自行设计生产的 CJ0、CJ10 和 CJ20 等系列以及引进国外先进技术生产的 B 系列、3TB 系列等。另外,各种新型接触器,如真空接触器、固体接触器等在电力拖动系统中也逐步得到推广和应用。本课题以 CJ10 系列为例介绍交流接触器。

1) 交流接触器的型号及含义(见图 1-35)

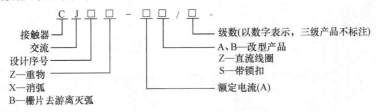

图 1-35　交流接触器的型号及含义

2) 交流接触器的结构

交流接触器主要由电磁系统、触点系统、灭弧装置及辅助部件等组成。CJ10-20 型交流接触器的结构如图 1-36(b)所示。

(1) 电磁系统:交流接触器的电磁系统主要由线圈、铁心(静铁心)和衔铁(动铁心)3 部分组成。其作用是利用电磁线圈的通电或断电,使衔铁和铁心吸合或释放,从而带动动触点与静触点闭合或分断,实现接通或断开电路的目的。

CJ10 系列交流接触器的衔铁运动方式有两种:对于额定电流为 40 A 及以下的接触器,采用图 1-37(a)所示的衔铁直线运动螺管式;对于额定电流为 60 A 及以上的接触器,采用图 1-37(b)所示的衔铁绕轴转动拍合式。

为了减少工作过程中交变磁场在铁心中产生的涡流及磁滞损耗,避免铁心过热,交流接触器的铁心和衔铁一般用 E 形硅钢片叠压铆成。尽管如此,铁心仍是交流接触器发热的主要部件。为增大铁心的散热面积,又避免线圈与铁心直接接触而受热烧毁,交流接触器的线圈一般做成粗而短的圆筒形,并且绕在绝缘骨架上,使铁心与线圈之间有一定间隙。另外,E 形铁心的中柱端面须留有 0.1~0.2 mm 的气隙,以减小剩磁影响,避免线圈断电后衔铁粘住不能释放。

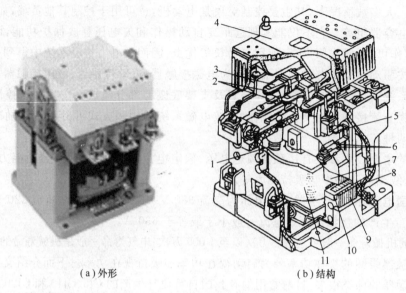

（a）外形　　　　　　　　　　　（b）结构

图 1-36　交流接触器的外形与结构

1—反作用弹簧；2—主触点；3—触点压力弹簧；4—灭弧罩；5—辅助常闭触点；
6—辅助常开触点；7—动铁心；8—缓冲弹簧；9—静铁心；10—短路环；11—线圈

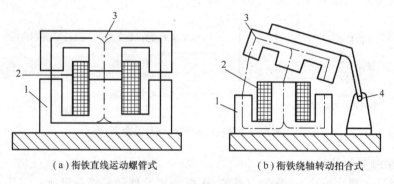

（a）衔铁直线运动螺管式　　　　　　（b）衔铁绕轴转动拍合式

图 1-37　交流接触器电磁系统结构图

1—铁心；2—线圈；3—衔铁；4—轴

交流接触器在运行过程中，线圈中通入的交流电在铁心中产生交变的磁通，因而铁心与衔铁间的吸力也是变化的。这会使衔铁产生振动，发出噪声。为消除这一现象，在交流接触器铁心和衔铁的两个不同端部各开一个槽，槽内嵌装一个用铜、康铜或镍铬合金材料制成的短路环，又称减振环或分磁环，如图 1-38(a)所示。铁心装短路环后，当线圈通以交流电时，线圈电流 I_1 产生磁通 Φ_1，Φ_1 的一部分穿过短路环，在环中产生感生电流 I_2，I_2 又会产生一个磁通 Φ_2，由电磁感应定律知，Φ_1 和 Φ_2 的相位不同，即 Φ_1 和 Φ_2 不同时为零，则由 Φ_1 和 Φ_2 产生的电磁吸力 F_1 和 F_2 不同时为零，如图 1-38(b)所示。这就保证了铁心与衔铁在任何时刻都有吸力，衔铁将始终被吸住，振动和噪声会显著减小。

（2）触点系统：交流接触器的触点按接触情况可分为点接触式、线接触式和面接触式 3 种，如图 1-39 所示。按触点的结构形式划分，有桥式触点和指形触点两种，如图 1-40 所示。

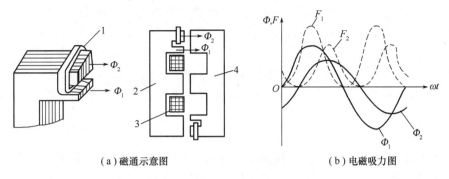

（a）磁通示意图　　　　　　　　　（b）电磁吸力图

图 1-38　加短路环后的磁通和电磁吸力图
1—短路环；2—铁心；3—线圈；4—衔铁

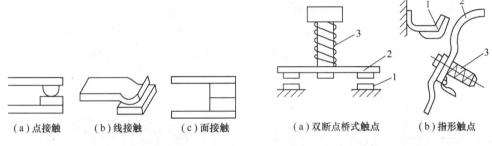

（a）点接触　　（b）线接触　　（c）面接触　　　　　（a）双断点桥式触点　　（b）指形触点

图 1-39　触点的 3 种接触形式　　　　　　　图 1-40　触点的结构形式
　　　　　　　　　　　　　　　　　　　　　　1—静触点；2—动触点；3—触点压力弹簧

CJ10 系列交流接触器的触点一般采用双断点桥式触点。其动触点用纯铜片冲压而成。

由于铜的表面易氧化并形成一层导电性能很差的氧化铜，而银的接触电阻小且其黑色氧化物对接触电阻的影响不大，所以在触点桥的两端镶有银基合金制成的触点块。静触点一般用黄铜板冲压而成，一端镶焊触点块，另一端为接线座。在触点上装有压力弹簧以减小接触电阻并消除开始接触时产生的有害振动。

按通断能力划分，交流接触器的触点分为主触点和辅助触点。主触点用以通断电流较大的主电路，一般由 3 对接触面较大的常开触点组成。辅助触点用以通断电流较小的控制电路，一般由两对常开触点和两对常闭触点组成。所谓触点的常开和常闭，是指电磁系统未通电动作时触点的状态。常开触点和常闭触点是联动的，当线圈通电时，常闭触点先断开，常开触点随后闭合。而线圈断电时，常开触点首先恢复断开，随后常闭触点恢复闭合。两种触点在改变工作状态时，先后有个时间差，尽管这个时间差很短，但对分析电路的控制原理却很重要。

（3）灭弧装置：交流接触器在断开大电流或高电压电路时，在动、静触点之间会产生很强的电弧。电弧是触点间气体在强电场作用下产生的放电现象，电弧的产生，一方面会灼伤触点，减少触点的使用寿命；另一方面会使电路切断时间延长，甚至造成弧光短路或引起火灾事故。因此，触点间的电弧能尽快熄灭。实验证明，触点开合过程中的电压越高、电流越大、弧区温度越高，电弧就越强。低压电器中通常采用拉长电弧、冷却电弧或将电弧分成多段等措施，促使电弧尽快熄灭。在交流接触器中常用的灭弧方法有以下几种：

① 双断口电动力灭弧：双断口结构的电动力灭弧装置如图 1-41(a) 所示。这种灭弧方法是

将整个电弧分割成两段,同时利用触点回路本身的电动力 F 把电弧向两侧拉长,使电弧热量在拉长的过程中散发、冷却而熄灭。容量较小的交流接触器,如 CJ10-10 型等,多采用这种方法灭弧。

②纵缝灭弧:纵缝灭弧装置如图 1-41(b)所示。由耐弧陶土、石棉水泥等材料制成的灭弧罩内每相有一个或多个纵缝,缝的下部较宽以便放置触点;缝的上部较窄,以便压缩电弧,使电弧与灭弧室壁有很好的接触。当触点分断时,电弧被外磁场或电动力吹入缝内,其热量传递给室壁,电弧被迅速冷却熄灭。CJ10 系列交流接触器额定电流在 20 A 及以上的,均采用这种方法灭弧。

③栅片灭弧:栅片灭弧装置的结构及工作原理如图 1-42 所示。金属栅片由镀铜或镀锌铁片制成,形状一般为人字形,栅片插在灭弧罩内,各片之间相互绝缘。当动触点与静触点分断时,在触点间产生电弧,电弧电流在其周围产生磁场。由于金属栅片的磁阻远小于空气的磁阻,因此电弧上部的磁通容易通过金属栅片而形成闭合磁路,这就造成了电弧周围空气中的磁场上疏下密。这一磁场对电弧产生向上的作用力,将电弧拉到栅片间隙中,栅片将电弧分割成若干个串联的短电弧。每个栅片成为短电弧的电极,将总电弧压降分成几段,栅片间的电弧电压都低于燃弧电压,同时栅片将电弧的热量吸收散发,使电弧迅速冷却,促使电弧尽快熄灭。容量较大的交流接触器多采用该方法灭弧,如 CJ0-40 型交流接触器。

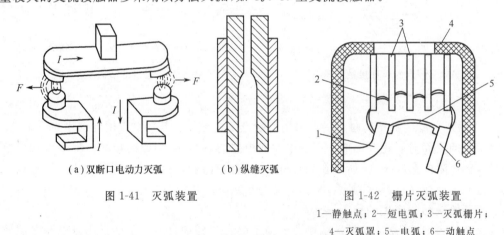

(a)双断口电动力灭弧   (b)纵缝灭弧

图 1-41　灭弧装置

图 1-42　栅片灭弧装置

1—静触点;2—短电弧;3—灭弧栅片;

4—灭弧罩;5—电弧;6—动触点

(4)辅助部件:交流接触器的辅助部件有反作用弹簧、缓冲弹簧、触点压力弹簧、传动机构及底座、接线柱等。

反作用弹簧安装在动铁心和线圈之间,其作用是线圈断电后,推动衔铁释放,使各触点恢复原状态。缓冲弹簧安装在静铁心与线圈之间,其作用是缓冲衔铁在吸合时对静铁心和外壳的冲击力,保护外壳。触点压力弹簧安装在动触点上面,其作用是增加动、静触点间的压力,从而增大接触面积,以减小接触电阻,防止触点过热灼伤。传动机构的作用是在衔铁或反作用弹簧的作用下,带动动触点实现与静触点的接通或分断。

3)交流接触器的工作原理

交流接触器的工作原理:当接触器的线圈通电后,线圈中流过的电流产生磁场,使铁心产生足够大的吸力,克服反作用弹簧的反作用力,将衔铁吸合,通过传动机构带动三对主触点和辅助常开触点闭合,辅助常闭触点断开。当接触器线圈断电或电压显著下降时,由于电磁吸力消失或过小,衔铁在反作用弹簧力的作用下复位,带动各触点恢复到原始状态。

常用的 CJ0、CJ10 等系列的交流接触器在 85%～105% 倍的额定电压下,能保证可靠吸合。电压过高,磁路趋于饱合,线圈电流会显著增大。电压过低,电磁吸力不足,衔铁吸合不上,线圈电流会达到额定电流的十几倍,因此,电压过高或过低都会造成线圈过热而烧毁。

交流接触器在电路图中的符号如图 1-43(b)、(c)、(d)所示。

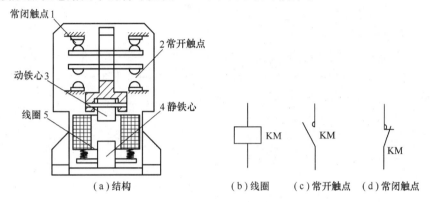

图 1-43　接触器的结构和符号

4) 交流接触器的选用

在电力拖动系统中,交流接触器可按下列方法选用:

(1) 选择接触器主触点的额定电压。接触器主触点的额定电压应大于或等于控制电路的额定电压。

(2) 选择接触器主触点的额定电流。接触器控制电阻性负载时,主触点的额定电流应等于负载的额定电流。控制电动机时,主触点的额定电流应大于或稍大于电动机的额定电流。或按经验公式(1-4)计算(仅适用于 CJ0、CJ10 系列):

$$I_C = \frac{P_N \times 10^3}{k U_N} \tag{1-4}$$

式中　k——经验系数,一般取 1～1.4;

　　P_N——被控制电动机的额定功率(kW);

　　U_N——被控制电动机的额定电压(V);

　　I_C——接触器主触点电流(A)。

接触器若使用在频繁启动、制动及正反转的场合,应将接触器主触点的额定电流降低一个等级使用。

(3) 选择接触器吸引线圈的电压。当控制电路简单,使用电器较少时,为节省变压器,可直接选用 380 V 或 220 V 的电压。当电路复杂,使用电器超过 5 h 时,从人身和设备安全角度考虑,吸引线圈电压要选低一些,可用 36 V 或 110 V 电压的线圈。

(4) 选择接触器的触点数量及类型。接触器的触点数量、类型应满足控制电路的要求。

5) 交流接触器的安装与使用

(1) 安装前的检查:

① 检查接触器铭牌与线圈的技术数据(如额定电压、电流、操作频率等)是否符合实际使

用要求。

② 检查接触器外观,应无机械损伤;用手推动接触器可动部分时,接触器应动作灵活,无卡阻现象;灭弧罩应完整无损,固定牢固。

③ 将铁心极面上的防锈油脂或粘在极面上的铁垢用煤油擦净,以免多次使用后衔铁被粘住,造成断电后不能释放。

④ 测量接触器的线圈电阻和绝缘电阻。

（2）交流接触器的安装：

① 交流接触器一般应安装在垂直面上,倾斜度不得超过 5°;若有散热孔,则应将有孔的一面放在垂直方向上,以利散热,并按规定留有适当的飞弧空间,以免飞弧烧坏相邻电器。

② 安装和接线时,注意不要将零件失落或掉入接触器内部。安装孔的螺钉应装有弹簧垫圈和平垫圈,并拧紧螺钉以防振动松脱。

③ 安装完毕,检查接线正确无误后,在主触点不带电的情况下操作几次,然后测量产品的动作值和释放值,所测数值应符合产品的规定要求。

（3）日常维护：

① 应对接触器作定期检查,观察螺钉有无松动,可动部分是否灵活等。

② 接触器的触点应定期清扫,保持清洁,但不允许涂油,当触点表面因电灼作用形成金属小颗粒时,应及时清除。

③ 拆装时注意不要损坏灭弧罩。带灭弧罩的交流接触器绝不允许不带灭弧罩或带破损的灭弧罩运行,以免发生电弧短路故障。

6）交流接触器的常见故障及处理方法

交流接触器在长期使用过程中,由于自然磨损或使用维护不当,会产生故障而影响正常工作,下面对交流接触器常见的故障进行分析。由于交流接触器是一种典型的电磁式电器,它的某些组成部分,如电磁系统、触点系统,是电磁式电器所共有的。因此,这里讨论的内容,也适用于其他电磁式电器,如中间继电器、电流继电器等。

（1）触点的故障及维修。交流接触器在工作时往往需要频繁地接通和断开大电流电路,因此它的主触点是较容易损坏的部件。交流接触器触点的常见故障一般有触点过热、触点磨损和主触点熔焊等情况。

① 触点过热,动、静触点间存在着接触电阻,有电流通过时便会发热,正常情况下触点的温升不会超过允许值。但当动、静触点间的接触电阻过大或通过的电流过大时,触点发热严重,使触点温度超过允许值,造成触点特性变坏,甚至产生触点熔焊。导致触点过热的主要原因如下：

a. 通过动、静触点间的电流过大。交流接触器在运行过程中,触点通过的电流必须小于其额定电流,否则会造成触点过热。触点电流过大的原因主要有系统电压过高或过低;用电设备超负荷运行;触点容量选择不当和故障运行。

b. 动、静触点间接触电阻过大。接触电阻是触点的一个重要参数,其大小关系到触点的发热程度。造成触点间接触电阻增大的原因:一是触点压力不足,遇此情况,首先应调整压力弹簧,若经调整后压力仍达不到标准要求,则应更换新触点。二是触点表面接触不良。造成触点表面接触不良的原因主要有:油污和灰尘在触点表面形成一层电阻层;铜质触点表面氧化;

触点表面被电弧灼伤、烧毛,使接触面积减小等。对触点表面的油污,可用煤油或四氯化碳清洗;铜质触点表面的氧化膜应用小刀轻轻刮去。但对银或银基合金触点表面的氧化层可不做处理,因为银氧化膜的导电性能与纯银相差不大,不影响触点的接触性能。对电弧灼伤的触点,应用刮刀或细锉修整。对用于大、中电流的触点表面,不要求修整得过分光滑,过分光滑会使接触面减小,接触电阻反而增大。

② 触点磨损:触点在使用过程中,其厚度会越用越薄,这就是触点磨损。触点磨损有两种:一种是电磨损,是由于触点间电弧或电火花的高温使触点金属气化所造成的;另一种是机械磨损,是由于触点闭合时的撞击及触点接触面的相对滑动摩擦等所造成的。

一般当触点磨损至超过原有厚度的 1/2 时,应更换新触点。若触点磨损过快,应查明原因,排除故障。

③ 触点熔焊:动、静触点接触面熔化后焊在一起不能分断的现象,称为触点熔焊。当触点闭合时,由于撞击和产生振动,在动、静触点间的小间隙中产生短电弧,电弧产生的高温(3 000~6 000 ℃)使触点表面被灼伤甚至烧熔,熔化的金属冷却后便将动、静触点焊在一起。发生触点熔焊的常见原因有:接触器容量选择不当,使负载电流超过触点容量;触点压力弹簧损坏使触点压力过小;因电路过载使触点闭合时通过的电流过大等。实验证明,当触点通过的电流大于其额定电流 10 倍以上时,将使触点熔焊。触点熔焊后,只有更换新触点,才能消除故障。如果因为触点容量不够而产生熔焊,则应选用容量较大的接触器。

(2) 电磁系统的故障及维修:

① 铁心噪声大。电磁系统在运行中发出轻微的嗡嗡声是正常的,若声音过大或异常,可判定电磁系统发生故障。其原因有:

a. 衔铁与铁心的接触面接触不良或衔铁歪斜。衔铁与铁心经多次碰撞后,使接触面磨损或变形,或接触面上有锈垢、油污、灰尘等,都会造成接触面接触不良,导致吸合时产生振动和噪声,使铁心加速损坏,同时会使线圈过热,严重时甚至会烧毁线圈。

如果振动由铁心端面上的油垢引起,应拆下清洗。如果是由端面变形或磨损引起,可用细砂布平铺在平铁板上,来回推动铁心将端面修平整。对 E 形铁心,维修中应注意铁心中柱接触面间要留有 0.1~0.2 mm 的防剩磁间隙。

b. 短路环损坏。交流接触器在运行过程中,铁心经多次碰撞后,嵌装在铁心端面内的短路环有可能断裂或脱落,此时铁心产生强烈的振动,发出较大噪声。短路环断裂多发生在槽外的转角和槽口部分,维修时可将断裂处焊牢或照原样重新更换一个,并用环氧树脂加固。

c. 机械方面的原因。如果触点压力过大或因活动部分受到卡阻,使衔铁和铁心不能完全吸合,就会产生较强的振动和噪声。

② 衔铁吸不上。当交流接触器的线圈接通电源后,衔铁不能被铁心吸合,应立即断开电源,以免线圈被烧毁。

衔铁吸不上的主要原因:一是线圈引出线的连接处脱落,线圈断线或烧毁;二是电源电压过低或活动部分卡阻。若线圈通电后衔铁没有振动和发出噪声,多属于第一种原因;若衔铁有振动和发出噪声,多属于第二种原因。应根据实际情况排除故障。

③ 衔铁不释放。当线圈断电后,衔铁不释放,此时应立即断开电源开关,以免发生意外事故。

衔铁不能释放的原因主要有：触点熔焊；机械部分卡阻；反作用弹簧损坏；铁心端面有油垢；E 形铁心的防剩磁间隙过小导致剩磁增大等。

④ 线圈的故障及其修理。线圈的主要故障是由于所通过的电流过大导致线圈过热甚至烧毁。线圈电流过大的原因如下：

a. 线圈匝间短路。由于线圈绝缘损坏或受机械损伤，形成匝间短路或局部对地短路，在线圈中会产生很大的短路电流，产生热量将线圈烧毁。

b. 铁心与衔铁闭合时有间隙。交流接触器线圈两端电压一定时，它的阻抗越大，通过的电流越小。当衔铁在分开位置时，线圈阻抗最小，通过的电流最大。铁心吸合过程中，衔铁与铁心的间隙逐渐减小，线圈的阻抗逐渐增大；当衔铁完全吸合后，线圈阻抗最大，电流最小。因此，如果衔铁与铁心间不能完全吸合或接触不紧密，会使线圈电流增大，导致线圈过热以致烧毁。

c. 线圈两端电压过高或过低。线圈电压过高，会使电流增大，甚至超过额定值；线圈电压过低，会造成衔铁吸合不紧密而产生振动，严重时衔铁不能吸合，电流剧增使线圈烧毁。

线圈烧毁后，一般应重新绕制。如果短路的匝数不多，短路又在靠近线圈的端部，而其余部分尚完好无损，则可拆去已损坏的线圈，其余的可继续使用。

线圈须重绕时，可从铭牌或手册上查出线圈的匝数和线径，也可从烧毁线圈中测得匝数和线径。线圈绕好后，先放入 105～110℃ 的烘箱中预烘 3 h，冷却至 60～70 ℃ 后，浸绝缘漆，滴尽余漆后放入 110～120 ℃ 的烘箱中烘干，冷却至常温即可使用。

6. 热继电器

热继电器是利用流过继电器的电流所产生的热效应而反时限动作的继电器。所谓反时限动作，是指电器的延时动作时间随通过电路电流的增加而缩短。热继电器主要用于电动机的过载保护、断相保护、电流不平衡运行的保护及其他电气设备发热状态的控制。

热继电器的形式有多种，其中双金属片式应用最多。按极数划分热继电器可分为单极、两极和三极 3 种，其中三极的又包括带断相保护装置的和不带断相保护装置的；按复位方式划分，有自动复位式（触点动作后能自动返回原来位置）和手动复位式。

1）热继电器的型号及含义（见图 1-44）

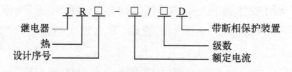

图 1-44　热继电器的型号及含义

2）热继电器的结构及工作原理

目前，我国在生产中常用的热继电器有国产的 JR36、JR20 等系列以及引进的 T 系列、3UA 等，均为双金属片式。下面以 JR36 系列为例，介绍热继电器的结构及工作原理。

（1）结构：JR36 系列热继电器的外形和结构如图 1-45 所示。它主要由热元件、动作机构、触点系统、电流整定装置、复位机构和温度补偿元件等部分组成。

① 热元件：热元件是热继电器的主要组成部分，由主双金属片和绕在外面的电阻丝组成。主双金属片是由两种热膨胀系数不同的金属片复合而成，金属片的材料多为铁镍铬合金和铁

镍合金。电阻丝一般用康铜或镍铬合金等材料制成。

②　动作机构和触点系统：动作机构利用杠杆传递及弓簧式瞬跳机构来保证触点动作的迅速、可靠。触点为单断点弓簧跳跃式动作，一般为一个常开触点、一个常闭触点。

③　电流整定装置：通过旋钮和电流调节凸轮调节推杆间隙，改变推杆移动距离，从而调节整定电流值。

④　温度补偿元件：温度补偿元件也为双金属片，其受热弯曲的方向与主双金属片一致，它能保证热继电器的动作特性在－30～＋40℃的环境温度范围内基本上不受周围介质温度的影响。

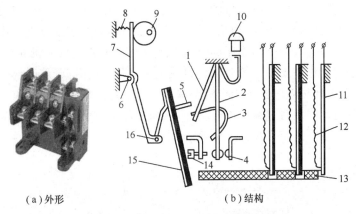

图 1-45　双金属片热继电器外形与结构原理示意图

1、2—片簧；3—弓簧；4—触点；5—推杆；6—固定转轴；7—杠杆；8—压簧；9—凸轮；10—手动复位按钮；
11—主双金属片；12—热元件；13—导板；14—调解螺钉；15—补偿双金属片；16—轴

⑤　复位机构：有手动和自动两种形式，可根据使用要求通过复位调节螺钉来自由调整选择。一般自动复位的时间不超过 5 min，手动复位时间不超过 2 min。

（2）工作原理：使用时，主双金属片 11 与热元件 12 串联，通电后双金属片受热向左弯曲，推动导板 13，向左推动补偿双金属片 15，补偿双金属片与推杆 5 固定在一起，它可绕轴 16 顺时针方向转动，推杆推动片簧向右，当向右推动到一定位置后，弓簧 3 的作用方向改变，使片簧 2 向左运动，将触点 4 分断。由片簧 1、2 及弓簧 3 构成一组跳跃机构。

凸轮 9 用来调节动作电流，旋转调节凸轮 9 的位置，将使杠杆 7 的位置改变，同时使补偿双金属片 15 与导板 13 之间的距离改变，也就改变了使继电器动作所需的双金属片的挠度，即调整了热继电器的动作电流。

补偿双金属片为补偿周围介质温度变化用。如果没有补偿双金属片，当周围介质温度变化时，主双金属片的起始挠度随之改变，导板 13 的推动距离随之改变。有了补偿双金属片后。当周围介质温度变化时，主双金属片与补偿双金属片同时向同一方向弯曲，使导板与补偿双金属片之间的推动距离保持不变。这样，继电器的动作特性将不受周围介质温度变化的影响。

热继电器可用调节螺钉 14 将触点调成自动复位或手动复位。若要手动复位，可将调节螺钉向左拧出，此时触点动作后就不会自动恢复原位，必须将复位按钮下按，迫使片簧 1 退回原位，片簧 2 立即向右动作，触点 4 闭合。当需要自动复位时，将调节螺钉 14 向右旋入一定位置即可。

（3）带断相保护装置的热继电器。JR36 系列热继电器有带断相保护装置的和不带断相保护装置的两种类型。三相异步电动机的电源或绕组断相是导致电动机过热烧毁的主要原因之一，普通结构的热继电器能否对电动机进行断相保护，取决于电动机绕组的连接方式。

对定子绕组采用星形连接的电动机而言，若运行中发生断相，通过另外两相的电流会增大，而流过热继电器的电流（即线电流）就是流过电动机绕组的电流（即相电流），普通结构的热继电器都可以对此做出反应。而绕组接成三角形的电动机若运行中发生断相，流过热继电器的电流（线电流）与流过电动机非故障绕组的电流（相电流）的增加比例不相同。在这种情况下，电动机非故障相流过的电流可能超过其额定电流，而流过热继电器的电流却未超过热继电器的整定值，热继电器不动作，但电动机的绕组可能会因过载而烧毁。为了对定子绕组采用三角形接法的电动机实行断相保护，必须采用三相结构带断相保护装置的差动热继电器。

由于热继电器主双金属片受热膨胀的热惯性及动作机构传递信号的惰性原因，热继电器从电动机过载到触点动作需要一定的时间。也就是说，即使电动机严重过载甚至短路，热继电器也不会瞬时动作，因此热继电器不能作短路保护。但也正是这个热惯性和机械惰性，保证了热继电器在电动机启动或短时过载时不会动作，从而满足了电动机的运行要求。

热继电器在电路图中的符号如图 1-46 所示。

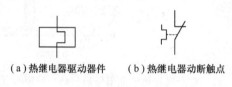

（a）热继电器驱动器件　　　（b）热继电器动断触点

图 1-46　热继电器符号

（4）JR20 系列热继电器。JR20 系列双金属片式热继电器适用于交流 50 Hz、额定电压 660 V、电流 630 A 及以下的电力拖动系统，作为三相笼形异步电动机的过载和断相保护之用，并可与 CJ20 系列交流接触器配套组成电磁启动器。

该系列产品采用三相立体布置式结构，如图 1-47 所示。其动作机构采用拉簧式跳跃动作机构，且全系列通用。当发生过载时，热元件受热使双金属片向左弯曲，并通过导板和动杆推动杠杆绕 O_1 点沿顺时针方向转动，顶动拉力弹簧使之带动触点动作。同时动作指示件弹出，显示热继电器已动作。

JR20 系列热继电器具有以下特点：

① 除具有过载保护、断相保护、温度补偿以及手动和自动复位功能外，还具有动作脱扣灵活性检查、动作指示及断开检验等功能。动作灵活检查可实现不打开盖板、不通电就能方便地检查热继电器内部的动作情况；动作指示器可清晰地显示出热继电器动作与否；按动检验按钮，断开常闭触点，可检查控制电路的动作情况。

② 通过专用的导电板可安装在相应电流等级的交流接触器上。由于设计时充分考虑了 CJ20 系列交流接触器各电流等级的相间距离、接线高度及外形尺寸，因此可与 CJ20 很方便地配套安装。

③ 电流调节旋钮采用"三点定位"固定方式，消除了在旋动电流调节旋钮时所引起的热继电器动作性能多变的弊端。

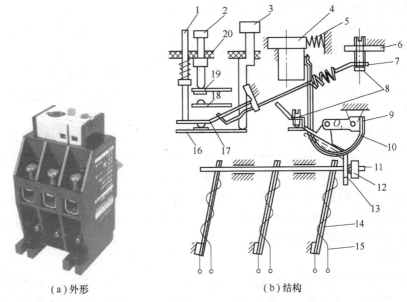

（a）外形　　　　　　　　　　　　　（b）结构

图 1-47　JR20 系列热继电器外形和结构示意图

1—动作指示件；2—复位按钮；3—断开/校验按钮；4—电流调节按钮；5—弹簧；6—支撑件；

7—拉簧；8—调整螺钉；9—支撑件；10—补偿双金属片；11—导板；12—动杆；13—杠杆；

14—主双金属片；15—发热元件；16、19—静触点；17、18—动触点；20—外壳

3）热继电器的选用

选择热继电器主要根据所保护电动机的额定电流来确定热继电器的规格和热元件的电流等级。

（1）根据电动机的额定电流选择热继电器的规格。一般应使热继电器的额定电流略大于电动机的额定电流。

（2）根据需要的整定电流值选择热元件的编号和电流等级。一般情况下，热元件的整定电流为电动机额定电流的 95%～105% 倍。但如果电动机拖动的是冲击性负载或启动时间较长及拖动的设备不允许停电的场合，热继电器的整定电流值可取电动机额定电流的 1.1～1.5 倍。如果电动机的过载能力较差，热继电器的整定电流可取电动机额定电流的 60%～80% 倍。同时，整定电流应留有一定的上下限调整范围。

（3）根据电动机定子绕组的连接方式选择热继电器的结构形式，即定子绕组作星形连接的电动机选用普通三相结构的热继电器，而作三角形（△）连接的电动机应选用三相结构带断相保护装置的热继电器。

二、电气图基本知识

用电气图形符号、带注释的围框或简化外形表示电气系统或设备中组成部分之间相互关系及其连接关系的一种图，称为电气图。电气控制系统是由电气控制元件按一定要求连接而成。为了清晰地表达生产机械电气控制系统的组成及工作原理，便于电气元件的安装、调试和维修，将电气控制系统中的各电器元件用一定的图形符号和文字符号表示，再将其连接情况用

一定的图形表达出来,这种图形称为电气控制系统图。

常用的电气控制系统图有电气控制原理图、电器元件布置图和电气安装接线图等。

1. 电气图的图形符号、文字符号及接线端子标记

电气控制系统图是工程技术的通用语言,它由电器元件的图形符号、文字符号等要素组成。为了设计、研究分析以及安装维修时阅读方便,在绘制电气图时,必须使用国家统一规定的电气图形符号和文字符号。例如:

GB/T 4728.1～13—2005、2008《电气简图用图形符号》;GB/T 5465·1,2,11—2009,2008,2007《电气设备用图形符号……》;GB/T 6988.1—2008《电气技术用文件的编制 第1部分:规则》;GB/T 7159《电气技术中的文字符号制订通则》[①]等。

接线端子标记采用 GB/T 4026～1992《电器设备接线端子和特定导线线端的识别及应用字母数字系统的通则》,并按 GB/T 6988—1993～2002《电气制图》要求来绘制电气控制系统图。常用电气图形符号和文字符号,见附录 A。

1) 图形符号

目前,我国已有一整套图形符号国家标准 GB 4728.1～GB 4728.13《电气简图用图形符号》。在绘制电气图时必须遵守。在标准中规定了各类图形符号和符号要素、限定符号和常用的其他符号。对符号的大小、取向、引出线位置等可按照使用规则作某些变化,以达到图面清晰、减少图线交叉或突出某个电路的目的。对标准中没有规定的符号,可选取 GB 4728 中给定的一般符号、符号要素和限定符号,按其中规定的原则进行组合。一般符号指简单地代表一类元件的符号、符号要素、限定符号,是对某一元件的一个说明。

(1)一般符号:用来表示一类产品和此类产品特征的一种很简单的符号。

(2)符号要素:一种具有确定意义的简单图形,不能单独使用。符号要素必须同其他图形组合后才能构成一个设备或概念的完整符号。

(3)限定符号:用以提供附加信息的一种加在其他符号上的符号,通常不能单独使用。有时一般符号也可用作限定符号,如电容器的一般符号加到扬声器符号上即构成电容式扬声器符号。

2) 文字符号

文字符号用于电气技术领域中技术文件的编制,也可标识在电气设备、装置和元器件上或近旁,以标明电气设备、装置和元器件的名称、功能、状态和特征。

文字符号分为基本文字符号和辅助文字符号。

(1)基本文字符号:包括单字母符号与双字母符号。

① 单字母符号是按拉丁字母将各种电气设备、装置和元器件划分为 23 大类,每一大类用一个专用单字母符号表示。例如,K 为继电器类元件这一大类。

② 双字母符号是由一个表示大类的单字母符号与另一个表示器件某些特性的字母组成,其组合型式应以单字母符号在前,另一字母在后的次序列出。只有当用单字母符号不能满足要求,需要将大类进一步划分时,才采用双字母符号,以便较详细和更具体地表述电气设备、装置和元器件。例如,KT 表示继电器类器件中的时间继电器,KM 表示继电器类器件中的接触器。

---

① 该标准已作废,但无替代标准,故本行业仍在使用。——编者注

(2) 辅助文字符号:用来表示电气设备、装置和元器件以及电路的功能、状态和特征。例如,SYN 表示同步,L 表示限制,RD 表示红色等。辅助文字的符号也可以放在表示种类的单字母符号后面组成双字母符号,如 SP 表示压力传感器,YB 表示电磁制动器。若辅助文字符号由两个以上字母组成时,为使文字符号简化,允许只采用第一位字母进行组合,如 MS 表示同步电动机等。辅助字母还可以单独使用,如 ON 表示接通,M 表示中间线,PE 表示保护接地等。

(3) 补充文字符号的原则:当国家标准中已规定的基本文字符号和辅助文字符号不敷使用时,可按 GB 7159《电气技术中的文字符号制订通则》这一标准中规定的文字符号的组成和补充文字符号的原则进行。这些原则如下:

① 在不违背国家标准文字符号编制的原则下,可采用国际标准中规定的电气技术文字符号。

② 在优先采用标准中规定的单字母符号、双字母符号和辅助文字符号前提下,可补充国家标准中未列出的双字母符号和辅助文字符号。

③ 文字符号应按有关电气名词术语国家标准或专业标准中规定的英文术语缩写而成。

④ 基本文字符号不得超过两位字母,辅助文字符号一般不能超过 3 位字母。文字符号的字母采用拉丁字母大写正体字,且拉丁字母中的 J、I、O 不允许单独做为文字符号使用。

电气图常用图形符号见附录 A。

3) 接线端子标记

电气图中各电器接线端子用字母数字符号标记。按国家标准 GB 4026—1983《电器接线端子的识别和用字母数字符号标志接线端子的通则》规定:

三相交流电源引入线用 L1、L2、L3、N、PE 标记。直流系统的电源正、负、中间线分别用 L+、L− 与 M 标记。

三相动力电器引出线分别按 U、V、W 顺序标记。三相感应电动机的绕组首端分别用 U1、V1、W1 标记,绕组尾端分别用 U2、V2、W2 标记,电动机绕组中间抽头分别用 U3、V3、W3 标记。

对于多台电动机,在字母前冠以数字来区别。例如,对 M1 电动机其三相绕组接线端标记 1U、1V、1W,对 M2 电动机其三相绕组接线端标记 2U、2V、2W 来区别。两三相供电系统的导线与三相负荷之间有中间单元时,其相互连接线用字母 U、V、W 后面加数字来表示,且数字从上到下由小至大。

控制电路各线号采用数字标志,其顺序一般为从左到右、从上到下,凡是被线圈、触点、电阻、电容等元件所间隔的接线端点,都应标以不同的线号。

2. 电气图的种类及绘制原则

常用的电气图有系统图、框图、电气控制原理图、电器元件布置图与电气安装接线图等。在保证图面布置紧凑、清晰和使用方便的前提下,图样幅面应按国家标准 GB 2988.2—1986 推荐的两种尺寸系列,即基本幅面尺寸或优选幅面尺寸系列和加长幅面尺寸系列选取,如表 1-9 所示。

当图是绘制在几张图样上时,为了便于装

表 1-9　基本幅面和加长幅面尺寸　单位:mm

基本幅面尺寸系列		加长幅面尺寸系列	
代号	尺寸	代号	尺寸
A0	841×1189	A3×3	420×891
A1	594×841	A3×4	420×1 189
A2	420×594	A4×3	297×630
A3	297×420	A4×4	297×841
A4	210×297	A4×5	297×1 051

订,应尽量使用同一幅面的图样。

1) 系统图或框图

系统图或框图是用符号或带注释的框概略地表示系统或分系统的基本组成、相互关系及其主要特征的一种电气图。国家标准 GB 6988.3—1986《电气制图　系统图和框图》[①]具体规定了系统图和框图的绘制方法,并且阐述了它的用途。

系统图或框图是从总体上来描述系统或分系统的,它是系统或分系统设计初期的产物,它是依据系统或分系统按功能依次分解的层次来绘制的。有了系统图或框图,就为编制更为详细的电气图,如电路图、逻辑图等提供了基础。

系统图或框图也是操作、培训和维修不可缺少的文件。只有通过阅读系统图或框图,对系统或分系统的总体情况进行了解,才能进行正确的操作和维修。例如,一个系统或分系统发生故障时,维修人员须借助于系统图或框图初步确定故障发生的部位,进而阅读电路图和接线图确定故障的具体位置。

2) 电气控制原理图

将各种电气元件用它们的图形符号和文字符号表示,按动作顺序绘制的表明电气控制的图纸称为电气原理图。电气原理图表示电气控制的工作原理以及各电气元件的作用和相互关系,而不考虑各电气元件实际安装的位置和实际连线的情况。

电气原理图绘制的原则:

(1) 电气原理图的绘制标准。图中所有的元器件都应该采用国家统一规定的图形符号和文字符号。

(2) 电气原理图的组成。电气控制电路图分为主电路和控制电路组成。一般主电路图在左侧或上方,控制电路图在右侧或下方。主电路和控制电路可以绘制在一张图纸上,也可以分开画。主电路是从电源到电动机的电路,其中有刀开关、熔断器、接触器主触点、热继电器热元件与电动机等。辅助电路包括控制电路、照明电路、信号电路及保护电路等。它们由继电器、接触器的线圈,继电器、接触器的辅助触点,控制按钮,其他控制元件的触点、控制变压器、熔断器、照明灯、信号灯及控制开关等组成。

(3) 电源线的画法。电气原理图中,直流电电源用水平线画出,一般直流电源的正极画在图面上方,负极画在图面的下方。三相交流电电源线画在图面上方,相序自上而下依次为 L1、L2、L3 排列,中性线(N 线)和保护接地线(PE)排在相线之下。耗电元件(如接触器、继电器的线圈、电磁铁线圈、照明灯、信号灯等)画在最右侧或最下侧,控制触点画在电源线和耗电元件之间。

(4) 电气原理图中电器元件的画法。在原理图中各电器元件均不画实际的外形图,只画出电器元件的带电部件,同一电器元件上的不同带电部件是按电路图中的连接关系画出,但必须采用国家规定的统一标准图形符号,并用同一文字符号标明。对于几个同类的电器,在表示名称的文字符号之后加上数字序号,以示区别。

(5) 电气原理图中电气触点的画法。电气原理图中所有的电器设备的触点均在常态下绘出,即对于继电器、接触器、制动器和离合器等按处在非激励状态绘制;机械控制的行程开关应按其未受机械压合的状态绘制。

---

① 该标准已作废,但无替代标准,故本行业仍在使用。——编者注。

（6）电气原理图的布局。电气原理图按功能布置，即同一功能的电器元件集中在一起，尽可能按动作顺序从上到下或从左到右的原则绘制。

（7）电路连接点、交叉点的绘制。在电路图中，对需要测试和拆接的外部引线的端子，采用"空心圆"表示，有直接联系的交叉导线的连接点（即导线交叉处）要用"实心圆"表示。无直接联系的交叉导线、交叉处不能画黑圆点，但是在电气图中尽量避免线条的交叉。

（8）原理图绘制要求。原理图的绘制要层次分明，各电器元件及触点的安排要合理，既要做到所用元件、触点最少，耗能最少，又要保证电路运行可靠，节省连接导线以及安装、维修方便。图 1-48 为 CW6132 型车床电路图。

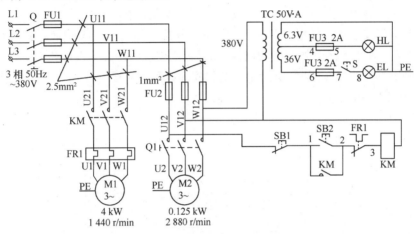

图 1-48　CW6132 型车床电路图

3）电器元件布置图

电器元件布置图主要是表明电气设备上所有电器元件的实际安装位置，为电气设备的安装及维修提供必要的资料。电器元件布置图可根据电气设备的复杂程度集中绘制或分别绘制。图中不需要标注尺寸，但是各电器代号应与有关图纸和电器清单上所有的元器件代号相同，在图中往往留有 10% 以上的备用面积及导线管（槽）的位置，以供改进设计时用。

电器元件布置图的绘制原则：

（1）绘制电器元件布置图时，机床的轮廓线用细实线或点画线表示，电器元件均用粗实线绘制出简单的外形轮廓。

（2）绘制电器元件布置图时，电动机要和被拖动的机械装置画在一起；行程开关应画在获取信息的地方；操作手柄应画在便于操作的地方。

（3）绘制电器元件布置图时，各电器元件之间，上、下、左、右应保持一定的间距，并且应考虑器件的发热和散热因素，应便于布线、接线和检修。

图 1-49 为 CW6132 型车床电器元件布置图。

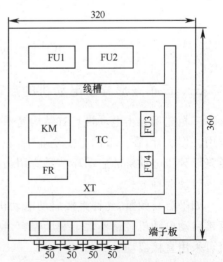

图 1-49　CW6132 型车床电器元件布置图

4）安装接线图

电气安装接线图主要用于电气设备的安装配线、电路检查、电路维修和故障处理。在图中要表示出各电气设备、电器元件之间的实际接线情况，并标注出外部接线所需的数据。在电气安装接线图中各电器元件的文字符号、元件连接顺序、电路号码编制必须与电气原理图一致。

电气安装接线图的绘制原则：

（1）绘制电气安装接线图时，各电器元件均按其在安装底板中的实际位置绘出。元件所占图面按实际尺寸以统一比例绘制。

（2）绘制电气安装接线图时，一个元件的所有部件绘在一起，并用点画线框起来，有时将多个电器元件用点画线框起来，表示它们安装在同一安装底板上。

（3）绘制电气安装接线图时，安装底板内外的电器元件之间的连线通过接线端子板进行连接，安装底板上有几条接至外电路的引线，端子板上就应绘出几个线的接点。

（4）绘制电气安装接线图时，走向相同的相邻导线可以绘成一股线。

图 1-50 为 CW6132 型车床电气安装接线图。

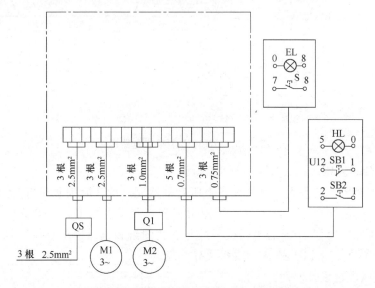

图 1-50　CW6132 型车床电气安装接线图

三、三相笼形异步电动机的点动、连续运行控制电路（一）

三相笼形异步电动机具有结构简单、价格便宜、坚固耐用、维修方便等优点，获得了广泛的应用。据统计，在一般的工矿企业中，三相笼形异步电动机占电力拖动设备的 85% 左右。三相笼形异步电动机的启动环节是应用最广泛也是最基本的控制电路之一。一般有直接启动与减压启动两种方式。

如果启动频繁，允许直接启动电动机容量不大于变压器容量的 20%；对于不经常启动者，直接启动电动机容量不大于变压器容量的 30%。通常容量小于 11 kW 的三相笼形异步电动机可采用直接启动。

1. 采用开关直接控制电路

图 1-51 为电动机单向旋转开关控制电路,其中图 1-51(a)为刀开关控制电路;图 1-51(b)为断路器控制电路。它们适用于不频繁启动的小容量电动机,但不能实现远距离控制和自动控制。

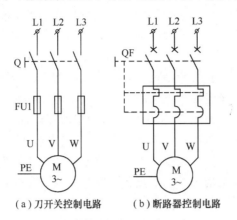

(a)刀开关控制电路　　　(b)断路器控制电路

图 1-51　电动机单向旋转开关控制电路

2. 接触器控制电路

图 1-52 所示为电动机点动控制电路。

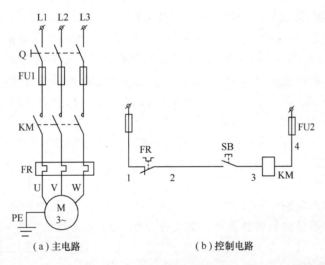

(a)主电路　　　　　　　(b)控制电路

图 1-52　按钮控制的点动电路

主电路:三相交流电源、三相刀开关 Q,三相熔断器 FU1,三相笼形异步电动机 M,交流接触器 KM 主触点。

控制电路:控制按钮 SB,交流接触器 KM,熔断器 FU2。

电路工作原理:

启动时,合上电源开关 Q,按下按钮 SB,其常开触点闭合,接触器 KM 线圈得电吸合,KM 主触点闭合,电动机接通三相电源,启动运行。

停止时,松开按钮 SB 时,接触器 KM 线圈失电释放,其所有触点都断开,切断电动机的主电路和控制电路,电动机停止运行。

电路保护环节:

(1) 短路电流保护装置:短路电流保护的作用在于防止电动机突然流过短路电流而引起电动机绕组、导线绝缘及机械上的严重损坏,或防止电源损坏。出现短路电流时,保护装置应立即可靠地使电动机与电源断开。常用的短路保护装置有熔断器、过电流继电器、自动开关等。

熔断器的规格一般根据电路的工作电压和额定电流来选择;对一般电路、直流电动机和线绕转子异步电动机的保护来说,熔断器是按它们的额定电流选择的。但对于笼形异步电动机,却不能这样。因为,笼形异步电动机直接启动时的启动电流为额定电流的 5～7 倍,按额定电流选择时,熔体将即刻熔断。因此,为了保证所选的熔断器既能起到短路保护作用,又能免除启动电流的影响,一般按电动机额定电流的 1.5～2.5 倍来选择。

(2) 过载保护装置:所谓长期过载是指电动机带有比额定负载稍高一点(115%～125%)的负载长期运行,这样会使电动机等电气设备因发热而温度升高,甚至会超过设备所允许的温升而使电动机等电气设备的绝缘损坏,所以必须给予保护。

长期过载的保护装置目前使用得最多的是热继电器 FR。在图 1-52 中,热继电器 FR 的发热元件串联在电动机的主回路中,而其触点则串联在控制电路接触器线圈的回路中。当电动机过载时,热继电器的热元件就发热,致使在控制电路内的常闭触点断开,接触器线圈失电,触点断开,电动机停转。在重复短期工作的情况下,由于热继电器和电动机的特性很难一致,所以不采用热继电器,而选用过流继电器作过载保护。

(3) 零压(或欠电压)保护:零压或欠电压保护的作用在于防止因电源电压消失或降低而可能发生的不允许的故障。例如,在车间内常因某种原因造成变电所的开关跳闸,暂时停止供电,对于手控电器,此时若未拉开刀开关或转换开关,当电源重新供电时,电动机就会自行启动,将造成设备毁坏或人身伤害事故。但在图 1-52 所示的自动控制电路中,若电源暂停供电或电压降低时,接触器线圈就失电,触点断开,电动机失电而得到保护。当电源电压恢复时,不重按启动按钮,电动机就不会自动启动,这种保护称为零压(或欠压)保护。

图 1-52 中是直接利用电路接触器作零压保护的。但当控制电路中采用主令控制器和转换开关时,必须要加零压保护装置,如零压继电器,否则电路无零压保护性能。

3. 连续运行控制电路

图 1-53 为电动机单向旋转接触器控制电路。图中 Q 为电源开关,FU1、FU2 为主电路与控制电路的熔断器,KM 为交流接触器,FR 为热继电器,SB1、SB2 分别为停止按钮和启动按钮,M 为三相笼形感应电动机。

电路工作原理:

启动时,合上电源开关 Q,按下启动按钮 SB2,SB2 的常开触点(2-3)闭合,接触器 KM 线圈得电,KM 主触点闭合,电动机接通三相电源,启动运行。同时 KM 辅助常开触点(2-3)闭合,使 KM 线圈保持得电,电动机保持连续运行。

这种依靠接触器自身的辅助触点而使其线圈保持通电的现象,称为自锁或自保持,即电动机控制回路启动按钮按下松开后,电动机仍能保持运转工作状态。其常开辅助触点称为自锁触点。

停止时,按下停止按钮 SB1,接触器 KM 线圈失电释放,其所有触点都复位,切断电动机的主电路和控制电路,电动机停止运行。

自锁控制并不局限在接触器上,在控制电路中,电磁式中间继电器也常用自锁控制。自锁控制的另外一个作用是实现欠压保护和失压保护。如图 1-53 所示,当电网电压消失后又重新恢复供电时,如果不重新按启动按钮,电动机不能自行启动,这就构成了失压保护。它可以防止在电源电压恢复时,电动机突然启动而造成设备和人身事故。当电网电压降低到接触器的释放电压时,接触器的衔铁释放,主触点和辅助触点均断开,电动机停止运行。它可以防止电动机在低压下运行,实现了欠压保护。

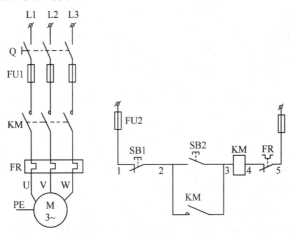

图 1-53　连续运行控制电路

4. 点动与连续运行混合控制电路

在生产实践中,机械设备有时需要长时间运行,有时需要间断工作,因而控制电路需要有连续和点动两种工作状态。

图 1-54 为电动机点动与连续运行控制电路。

其中图 1-54(a)为主电路,图 1-54(b)～图 1-54(d)均为既可以点动又可以连续运行的控制电路。

电路工作原理:

图 1-54(b)为采用两个按钮,分别实现连续与点动的控制电路,SB2 为连续运转启动按钮,SB3 为点动启动按钮。当按动按钮 SB2 时,接触器 KM 得电,KM 的常开辅助触点(2-5)闭合,与复式按钮 SB3 的常闭触点(5-3)串联组成自锁电路,电动机能够连续运行。而按下点动按钮 SB3 时,SB3 的常开触点(2-3)闭合,接触器 KM 线圈得电,电动机工作,SB3 常闭触点(5-3)断开,自锁电路断开,同时,KM 的常开触点闭合。当松开按钮 SB3 时,SB3 的常开触点先失开,常闭触点后闭合,等 SB3 的常闭触点闭合时,接触器的常开触点已经断开,因而没有自锁功能,电动机停止运行,因此该电路实现电动机的点动运行。

图 1-54(c),手动开关 SA 选择点动或连续运行。合上电源开关 Q,接通电源,SA 闭合,按下启动按钮 SB2,接触器 KM 线圈得电,KM 常开辅助触点(2-5)闭合,实现自锁,KM 主触点闭合,电动机连续运行,按下停止按钮 SB1,KM 线圈失电释放,KM 主触点断开,电动机停止运行;SA 断开,按下启动按钮 SB2,接触器 KM 线圈得电,电动机运行,由于支路(5-3)断开,没有自锁,松开按钮 SB2,KM 线圈失电,因此电动机实现点动。

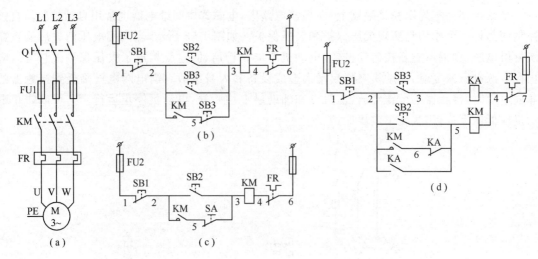

图 1-54　点动与连续运行控制电路

图 1-54(d)采用中间继电器 KA 进行控制。SB2 为连续运转启动按钮,SB3 为点动启动按钮。按 SB3 时,KA 线圈得电,KA 的常开触点(2-5)闭合,使接触器 KM 线圈得电,电动机运行,同时 KA 的常闭触点(6-5)断开,切断自锁电路,松开 SB3,KA 线圈失电,KA 的触点复位,KM 线圈失电,电动机停止运行,实现点动。若按下 SB2,接触器 KM 线圈得电并自锁,电动机连续运行。

任务实施

1. 准备工作

(1) 认真读图,熟悉所用电器元件及其作用,配齐电路所用元件,进行检查。

(2) 准备工具,测电笔、尖嘴钳、剥线钳、电工刀、绝缘电阻表(即兆欧表)、导线若干。

(3) 元器件的技术数据(如型号、规格、额定电压、额定电流),应完整并符合要求,外观无损伤,备件、附件齐全完好。

(4) 用万用表检查电磁线圈的通断情况以及各触点的分合情况。

(5) 交流接触器的电磁结构动作是否灵活,有无衔铁卡阻等不正常现象,线圈额定电压与电源电压是否一致。

(6) 对电动机的质量进行常规检查。

2. 安装步骤和工艺要求

(1) 识读电动机控制电路,明确电路所用电器元件及作用,熟悉电路工作原理。

(2) 将所用电器元件贴上醒目标号。

(3) 按生产工艺要求安装电路。

(4) 将三相电源接入控制开关,经教师检查合格后进行通电试车。

3. 注意事项

(1) 接线时,必须先接负载端,后接电源端;先接接地线,后接三相电源线。

(2) 通电试车时,必须先空载后再运行;当运行正常时再接上负载运行;若发现异常情况应立即失电检查。

想一想, 做一做

(1) 电路中自锁起什么作用?

(2) 什么叫零压保护? 电路的零压保护是如何实现的?

(3) 分析点动与连续运行电路的工作原理。

任务评估

姓　名		学　号		总成绩	
考核项目	考　核　点	考核人			得分
		教师	队友		
个人素质考核 (15%)	学习态度与自主学习能力				
	团队合作能力				
电器元件基础 知识(10%)	结合电路正确选择低压电器元件				
	利用工具和仪表检测常用低压电器元件				
实践操作能力 (25%)	电气识图、设备运行、安装、调试与维护				
	电气产品生产现场的设备操作、产品测试和生产管理				
职业能力 (20%)	电气识图、设备运行、安装、调试与维护				
	电气产品生产现场的设备操作、产品测试和生产管理				
方法能力 (20%)	独立学习能力、获取新知识能力				
	决策能力制定、实施工作计划的能力				
社会能力 (10%)	公共关系处理能力、劳动组织能力				
	集体意识、质量意识、环保意识、社会责任心				

知识拓展

一、常用接触器简介

1. CJ20 系列交流接触器

CJ20 系列交流接触器是我国在 20 世纪 80 年代初统一设计的产品,该系列产品的结构合理,体积小,重量轻,易于维修保养,具有较高的机械寿命。主要适用于交流 50 Hz,电压 660 V

及以下(部分产品可用于 1 140 V),电流在 630 A 及以下的电力电路中。

全系列产品均采用直动式立体布置结构,主触点采用双断点桥式触点,触点材料选用银基合金,具有较高的抗熔焊和耐电磨性能。辅助触点可全系列通用,额定电流在 160 A 及以下的为两常开、两常闭,250 A 及以上的为四常开、两常闭,但可根据需要变换成三常开、三常闭或两常开、四常闭,并且还备有供直流操作专用的大超程常闭辅助触点。灭弧罩按其额定电压和电流不同分为栅片式和纵缝式两种;其电磁系统有两种结构形式,CJ20-40 及以下的采用 E 形铁心,CJ20-63 及以上的采用双线圈的 U 形铁心。吸引线圈的电压:交流 50 Hz 有 36 V、127 V、220V 和 380 V,直流 24 V、48 V、110 V 和 220 V 等多种。CJ20-63 型交流接触器的外形与结构如图 1-55 所示。

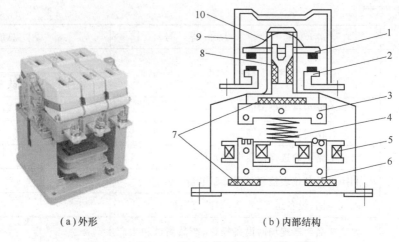

(a)外形　　　　　　　　　(b)内部结构

图 1-55　CJ20-63 型交流接触器的外形与结构

1—动触点桥;2—静触点;3—衔铁;4—缓冲弹簧;5—线圈;6—铁心;7—热毡;
8—触点弹簧;9—灭弧罩;10—触点压力簧片

2. B 系列交流接触器

B 系列交流接触器是通过引进德国 BBC 公司的生产技术和生产线生产的新型接触器,可取代我国现生产的 CJ0、CJ8 及 CJ10 等系列产品,是很有推广和应用价值的更新换代产品。

B 系列交流接触器有交流操作的 B 型和直流操作的 BE/BC 型两种,主要适用于交流 50 Hz 或 60 Hz,电压 660 V 及以下,电流 475 A 及以下的电力电路中,供远距离接通或分断电路及频繁地启动和控制三相异步电动机之用。其工作原理与前面讨论的 CJ10 系列基本相同,但由于采用了合理的结构设计,各零部件按其功能选取较合适的材料和先进的加工工艺,故产品有较高的经济技术指标。B 系列交流接触器的外形如图 1-56 所示。

B 系列交流接触器在结构上有以下特点:

(1) 有"正装式"和"倒装式"两种结构布置形式。

① 正装式结构:触点系统在上面,磁系统在下面。

② 倒装式结构:触点系统在下面,磁系统在上面。由于这种结构的磁系统在上面,更换线圈很方便,而主接线板靠近安装面,使接线距离缩短,接线方便。另外,便于安装多种附件,扩大使用功能。

图 1-56　B 系列交流接触器的外形

（2）通用件多，这是 B 系列接触器的一个显著特点。许多不同规格的产品，除触点系统外，其余零部件基本通用。各零部件和组件的连接多采用卡装或螺钉连接，给制造和使用维护提供了方便。

（3）配有多种附件供用户按用途选用，且附件的安装简便。例如，可根据需要选配不同组合形式的辅助触点。

此外，B 系列交流接触器有多种安装方式，可安装在卡规上，也可用螺钉固定。

3. 真空交流接触器

真空交流接触器的特点是主触点封闭在真空灭弧室内，因而具有体积小，通断能力强、可靠性高、寿命长和维修工作量小等优点。缺点是目前价格较高。

常用的交流真空接触器有 CJK 系列产品，适用于交流 50 Hz、额定电压至 660 V 或 1 140 V、额定电流至 600 A 的电力电路中，供远距离接通或断开电路及启动和控制交流电动机之用，并适宜与各种保护装置配合使用，组成防爆型电磁启动器。CKJ5 真空接触器的外形如图 1-57 所示。

4. 固体接触器

固体接触器又称半导体接触器，是利用半导体开关电器来完成接触功能的电器。其中固态复合型交流接触器是磁保持继电器与智能化晶闸管的组合；普通接触器导通压降小但分断负载时有电弧；晶闸管分断负载无电弧但高压大电流负载时导通压降高；复合型交流接触器融合了二者的优点，具备无弧分断、零电压接通、零电流关断的特点，可避免容性负载接通瞬间大电流的冲击和感性负载关断过程产生的过大反电动势，大大提高了接触器的可靠性和使用寿命。复合型无弧交流接触器的外形如图 1-58 所示。目前生产的固体接触器多数由晶闸管构成，如 CJW1-200A/N 刷型晶闸管交流接触器柜是由 5 台晶闸管交流接触器组装而成。

图 1-57　CKJ5 真空接触器的外形　　　　图 1-58　复合无弧交流接触器的外形

二、安全用电

安全用电包括供电系统的安全、用电设备的安全及人身安全 3 个方面，它们之间又是紧密联系的。供电系统的故障可能导致用电设备的损坏或人身伤亡事故，而用电事故也可能导致局部或大范围停电，甚至造成严重灾难。

1. 触电

1）触电的原因

人体是导体，当人体接触带电体而构成电流回路时，就会有电流流过人体，引起对人的伤害或致人死亡，这种现象称为触电。

触电发生的原因一般是由于人们粗心大意、不遵守电气操作规程，电气设备安装不合格和不规范用电等。

2）触电的危害

触电对人体的伤害程度与通过体内的电流的大小、时间长短及电流的频率、途径及人体的健康状况有关。0.1 A 的电流即可致命；0.01 A 的工频电流，流经人体时间超过 1 s 时就会有生命危险；当人体流过 0.03 A 以上的交流电时，将引起呼吸困难、血压升高、痉挛等，自己不能摆脱电源，就有生命危险；触电的危险性还与通过人体的生理部位有关，当触电电流经过心脏或中枢神经时最危险；男性、成年人、身体健康者的触电伤害程度相对要轻一些。一般 0.01 A 以下的工频交流电流或 0.05 A 以下的直流电流，对人体来说可以看作是安全的电流。

通过人体电流的大小与触电电压和人体电阻有关。人体电阻从 800 Ω 至几万欧不等，它不仅与人的身体状况有关，也与环境条件等因素有关。

电流流过人体时，人体承受的电压越低，触电伤害就越轻。当电压低于某一数值后，就不会造成触电。这种不带任何防护设备，人体触及带电体时身体各部位均不会受到伤害的电压值称为安全电压。根据环境的不同，我国规定的安全电压等级有 36 V、24 V、12 V 等几种，不同的场合适合的安全电压等级也不同。需要注意的是，尽管处于安全电压下，也决不允许随意或故意去触碰带电体，因为"安全"也是相对而言的，安全电压是因人而异的。

3）触电类型

（1）单相触电：指人体的某一部位接触带电设备的一相，而另一部位与大地或零线接触引起触电，如图 1-59（a）所示，这是最常见的触电类型。

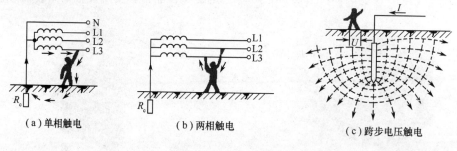

| (a)单相触电 | (b)两相触电 | (c)跨步电压触电 |

图 1-59　触电类型

（2）两相触电:指人体的不同部位同时接触两相带电体而引起的触电,加在人体上的电压为电源线电压,电流直接以人体为回路,触电电流远大于人体所能承受的极限电流值,如图 1-59(b)所示。

（3）跨步电压触电:如图 1-59(c)所示,当外壳接地的电气设备绝缘损坏而使外壳带电,或导线折断落地发生单相接地故障时,电流流入大地,向周围扩散,在接地点周围的土壤中产生电压降,接地点的电位很高,距接地点越远,电位越低。把地面上两脚相距 0.8 m 的两处的电位差称为跨步电压。人跨进这个区域,两脚踩在不同的电位点上就会承受跨步电压,电流从接触高电位的脚流入,从接触低电位的脚流出,步距越大,跨步电压越大。跨步电压的大小与接地电流的大小、人距接地点的远近、土壤的电阻率等有关。在雷雨天,当强大的雷电流通过接地体时,接地点的电位很高,因此在高压设备接地点周围应使用护栏围起来,这不只是防人体触及带电体,也防止人被跨步电压袭击。人体万一误入危险区,将会感到两脚发麻,这时千万不能大步跑,而应单脚跳出接地区,一般 10 m 以外就没有危险。

2. 保护接地与保护接零

在日常生产和生活中,对供电系统和用电设备通常采取各种各样的接地或接零措施,以保障电力系统的安全运行,保证人身安全,保证设备正常运行。

1）保护接地

在正常情况下,将电气设备的金属外壳与埋入地下的接地体可靠连接,称为保护接地。一般用钢管、角钢等作为接地体,其电阻不得超过 4 Ω。保护接地适用于中性点不接地的供电系统。电压低于 1 000 V 而中性点不接地,当电压高于 1 000 V 的电力网中均应采取保护接地的措施。

图 1-60 所示为保护接地的原理图。

电动机漏电时,若人体触及外壳,则人体电阻 R_r 与接地电阻 R_e(不是电阻器,是接大地纯铜导体的电阻)并联,由于人体电阻远大于接地导体电阻,所以,漏电电流主要通过接地导体电阻流入大地,而流过人体电流很小,从而避免了触电的危险。

2）保护接零

保护接零就是在电源中性点直接接地的三相四线制低压供电系统中,将电气的外壳与零线相连接。这时电源中性点的接地是为了保证电气设备可靠地工作。保护接零原理如图 1-61 所示。

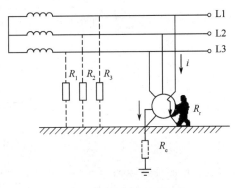

图 1-60　保护接地的原理图

采取保护接零后,当设备的某相漏电时,就会通过设备的外壳形成该相短路,使该相熔断器熔断,切断电源,避免发生触电事故。保护接零的保护作用比保护接地更为完善。

在采用保护接零时应注意,零线上决不允许断开;连接零线的导线连接必须牢固可靠,接触良好,保护零线与工作零线一定要分开,决不允许把接在用电器上的零线直接与设备外壳连通,而且同一低压供电系统中决不允许一部分设备采用保护接地,而另一部分设备采用保护接零。

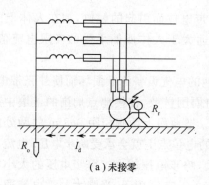 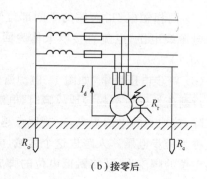

（a）未接零　　　　　　　　　　　　（b）接零后

图 1-61　保护接零原理

国标规定：

L——相线；

N——中性线；

PE——保护接地线；

PEN——保护中性线，兼有保护线和中性线的作用。

3）重复接地

在保护接零的系统中，若零线断开，而设备绝缘又损坏时，会使用电设备外壳带电，造成触电事故。因此，除将电源中性点接地外，将零线每隔一定距离再次接地，称为重复接地，如图 1-62 所示。重复接地电阻一般不超过 10 Ω。

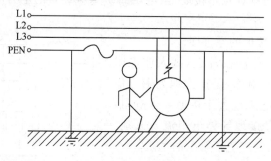

图 1-62　重复接地

4）其他保护接地

（1）过电压保护接地为了消除雷击或过电压的危险影响而设置的接地。

（2）防静电接地为了消除生产过程中产生的静电而设置的接地。

（3）屏蔽接地为了防止电磁感应而对电力设备的金属外壳、屏蔽罩、屏蔽线的外皮或建筑物金属屏蔽体等进行的接地。

3. 安全用电措施

（1）必须严格遵守操作规程，合上电流时，先合隔离开关，再合负荷开关；分断电流时，先断负荷开关，再断隔离开关。

（2）电气设备一般不能受潮，在潮湿场合使用时，要有防雨水和防潮措施。电气设备工作时会发热，应有良好的通风散热条件和防火措施。

（3）所有电气设备的金属外壳应有可靠的保护接地。电气设备运行时可能会出现故障，所以应有短路保护、过载保护、欠压和失压保护等保护措施。

（4）凡有可能被雷击的电气设备，都要安装防雷措施。

（5）对电气设备要做好安全运行检查工作，对出现故障的电气设备和电路应及时检修。

4. 触电急救

触电急救可以有效地减小触电伤亡，所以，掌握触电急救常识非常重要。当发现有人触电时，切不可惊慌失措，应先以最快的速度使触电者脱离电源。若救护人员距电源开关较近，则应立即切断电源；若距电源开关较远或不具备切断电源的条件，就用木棒或竹竿等绝缘物使触电者脱离电源，但不能赤手空拳地去拉触电者。

触电者脱离电源后，应采取正确的救护方法。首先迅速拨打急救电话，请医生救治。若触电者神志尚清醒，但有头晕、恶心、呕吐等现象时，应让其静卧休息，减轻心脏负担；若触电者已失去知觉，但有呼吸、心跳，则应解开其衣领、裤带，让触电者平卧在阴凉通风的地方。若触电者出现痉挛、呼吸衰弱或心脏停跳、无呼吸等假死现象时，应实施人工呼吸。

触电急救的要点是要动作迅速，救护得法，切不可惊慌失措、束手无策。

1）尽快使触电者脱离电源

人触电以后，可能由于痉挛或失去知觉等原因而紧抓带电体，不能自行摆脱电源。这时，使触电者尽快脱离电源是救活触电者的首要因素。

（1）对于低压触电事故，可采用下列方法使触电者脱离电源：

① 触电地点附近有电源开关或插头，可立即断开开关或拔掉电源插头，切断电源。

② 电源开关远离触电地点，可用有绝缘柄的电工钳或干燥木柄的斧头分相切断电线，断开电源；或将干木板等绝缘物插入触电者身下，以隔断电流。

③ 电线搭落在触电者身上或被压在身下时，可用干燥的衣服、手套、绳索、木板、木棒等绝缘物作为工具，拉开触电者或挑开电线，使触电者脱离电源。

（2）对于高压触电事故，可以采用下列方法使触电者脱离电源。

① 立即通知有关部门停电。

② 戴上绝缘手套，穿上绝缘靴，用相应电压等级的绝缘工具断开开关。

③ 抛掷裸金属线使电路短路接地，迫使保护装置动作，断开电源。注意，在抛掷金属线前，应将金属线的一端可靠地接地，然后抛掷另一端。

（3）脱离电源的注意事项：

① 救护人员不可以直接用手或其他金属及潮湿的物件作为救护工具，而必须采用适当的绝缘工具且单手操作，以防止自身触电。

② 防止触电者脱离电源后，可能造成的摔伤。

③ 如果触电事故发生在夜间，应当迅速解决临时照明问题，以利于抢救，并避免扩大事故。

2）现场急救方法

当触电者脱离电源后，应当根据触电者的具体情况，迅速地进行救护。现场应用的主要救护方法是人工呼吸法和胸外心脏挤压法。

（1）触电者需要救治时，大体上按照以下 3 种情况分别处理：

① 如果触电者伤势不重,神智清醒,但是有些心慌、四肢发麻、全身无力;或者触电者在触电的过程中曾经一度昏迷,但已经恢复清醒。在这种情况下,应当使触电者安静休息,不要走动,严密观察,并请医生前来诊治或送往医院。

② 如果触电者伤势比较严重,已经失去知觉,但仍有心跳和呼吸,这时应当使触电者舒适、安静地平卧,保持空气流通。同时揭开他的衣服,以利于呼吸,如果天气寒冷,要注意保温,并要立即请医生诊治或送医院。

③ 如果触电者伤势严重,呼吸停止或心脏停止跳动或两者都已停止时,则应立即实行人工呼吸和胸外挤压,并迅速请医生诊治或送往医院。

应当注意,急救要尽快地进行,不能等候医生的到来。在送往医院的途中,也不能中止急救。

(2)口对口人工呼吸法是在触电者呼吸停止后应用的急救方法。具体步骤如下:

① 触电者仰卧,迅速解开其衣领和腰带。

② 触电者头偏向一侧,清除口腔中的异物,使其呼吸畅通,必要时可用金属匙柄由口角伸入,使口张开。

③ 救护者站在触电者的一边,一只手捏紧触电者的鼻子,一只手托在触电者颈后,使触电者颈部上抬,头部后仰,然后深吸一口气,用嘴紧贴触电者嘴,大口吹气,接着放松触电者的鼻子,让气体从触电者肺部排出。每5 s吹气一次,不断重复地进行,直到触电者苏醒为止,如图1-63所示。

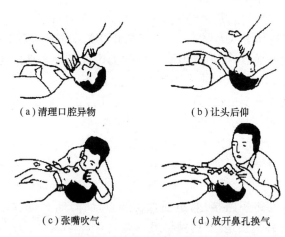

(a)清理口腔异物　　　　　(b)让头后仰

(c)张嘴吹气　　　　　(d)放开鼻孔换气

图1-63　口对口人工呼吸法

任务2　三相笼形异步电动机正反转控制电路安装与调试

任务描述

(1)能够选择和维护常用低压电器元件。

(2)能够设计连接电动机正反转控制电路。

(3)能够利用电路图、仪表和工具对出现的常见故障进行分析和维护。

任务分析

本任务的内容主要包括以下几方面：

（1）掌握互锁控制电路，并区分自锁与互锁。

（2）选择正反转电路所需的低压电器元件。

（3）拟定电动机正反转控制电路。

（4）绘制正反转电气原理图、元件布置图、接线图。

（5）在连续运行控制电路的基础上，按图接线。

（6）通电，安装、调试正反转电路。

知识准备

在生产实际中，常常要求生产机械改变运动方向，如工作台的前进与后退，电梯的上升与下降，这就要求电动机能实现正反转。从异步电动机的工作原理可知，改变异步电动机交流电源的相序，就可以控制异步电动机正反向运动。

一、行程开关

行程开关又称限位开关或位置开关，反应工作机械的行程，发出命令以控制其运动方向和行程大小的开关。其作用原理与按钮相同，区别在于它不是靠手指的按压而是利用生产机械运动部件的碰压使其触点动作，从而将机械信号转变为电信号，用以控制机械动作或用作程序控制。通常，行程开关被用来限制机械运动的位置或行程，使运动机械按一定的位置或行程实现自动停止、反向运动、变速运动或自动往返运动等。

（1）行程开关的型号及含义如图 1-64 所示。目前机床中常用的行程开关有 LX19 和 JLXK1 等系列，其型号及含义如下：

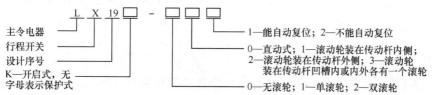

图 1-64 行程开关的型号及含义

（2）行程开关的结构及工作原理。各系列行程开关的基本结构大体相同，都是由触点系统、操作机构和外壳组成。以某种行程开关元件为基础，装置不同的操作机构，可得到各种不同形式的行程开关，常见的有按钮式（直动式）和旋转式（滚轮式）。JLXK1 系列行程开关的外形如图 1-65 所示。

JLXK1 系列行程开关的动作原理如图 1-66 所示。当运动部件的挡铁碰压行程开关的滚轮 1 时，杠杆 2 连同转轴 3 一起转动，使凸轮 7 推动撞块 5，当撞块被压到一定位置时，推动微动开关 6 快速动作，使其常闭触点断开，常开触点闭合。

行程开关的触点动作方式有蠕动型和瞬动型两种。蠕动型的触点结构与按钮相似，这种

（a）JLXK1-311 按钮式　　（b）JLXK1-111 单轮旋转式　　（c）JLXK1-211 双轮旋转式

图 1-65　JLXK1 系列行程开关的外形

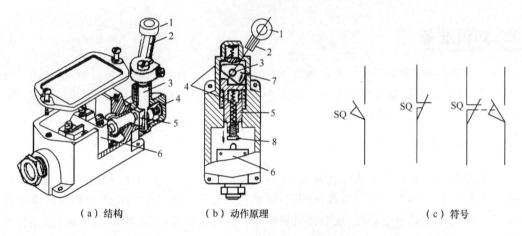

（a）结构　　　　　（b）动作原理　　　　　（c）符号

图 1-66　JLXK1-111 型行程开关的结构和动作原理

1—滚轮；2—杠杆；3—转轴；4—复位弹簧；5—撞块；6—微动开关；7—凸轮；8—调节螺钉

行程开关的结构简单，价格便宜，但触点的分合速度取决于生产机械挡铁的移动速度。当挡铁的移动速度小于 0.007 m/s 时，触点分合太慢，易产生电弧灼烧触点，从而减少触点的使用寿命，也影响动作的可靠性及行程控制的位置精度。为克服这些缺点，行程开关一般都采用具有快速换接动作机构的瞬动型触点。瞬动型行程开关的触点动作速度与挡铁的移动速度无关，性能显然优于蠕动型。

　　行程开关动作后，复位方式有自动复位和非自动复位两种。如图 1-65（a）、（b）所示的按钮式和单轮旋转式均为自动复位式，即当挡铁移开后，在复位弹簧的作用下，行程开关的各部分能自动恢复原始状态。但有的行程开关动作后不能自动复位，如图 1-65（c）所示的双轮旋转式行程开关。当挡铁碰压这种行程开关的一个滚轮时，杠杆转动一定角度后触点瞬时动作；当挡铁离开滚轮后，开关不自动复位。只有运动机械反向移动，挡铁从相反方向碰压另一滚轮时，触点才能复位。这种非自动复位式的行程开关价格较贵，但运行较可靠。行程开关在电路图中的符号如图 1-66（c）所示。

　　（3）选用行程开关时，主要根据动作要求、安装位置及触点数量选择。

　　（4）安装与使用：

　　① 行程开关安装时，安装位置要准确，安装要牢固；滚轮的方向不能装反，挡铁与其碰撞的位置应符合控制电路的要求，并确保能可靠地与挡铁碰撞。

② 行程开关在使用中,要定期检查和保养,除去油垢及粉尘,清理触点,经常检查其动作是否灵活、可靠,及时排除故障。防止因行程开关触点接触不良或接线松脱产生误动作而导致设备和人身安全事故。

(5) 行程开关的常见故障及处理方法(见表 1-10)。

表 1-10　行程开关的常见故障及处理方法

故障现象	可能的原因	处理方法
挡铁碰撞位置开关后,触点不动作	(1) 安装位置不准确 (2) 触点接触不良或接线松脱 (3) 触点弹簧失效	(1) 调整安装位置 (2) 清刷触点或紧固接线 (3) 更换弹簧
杠杆已经偏转,或无外界机械力作用,但触点不复位	(1) 复位弹簧失效 (2) 内部撞块卡阻 (3) 调节螺钉太长,顶住开关按钮	(1) 更换弹簧 (2) 清扫内部杂物 (3) 检查调节螺钉

二、三相笼形异步电动机的点动、连续运行控制电路(二)

1. 倒顺转换开关可逆旋转控制电路

图 1-67 为倒顺转换开关控制电动机正反转控制电路。

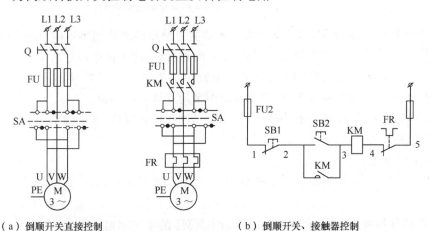

(a) 倒顺开关直接控制　　　　　　(b) 倒顺开关、接触器控制

图 1-67　倒顺开关控制电动机正反转电路

其中图 1-67(a)为直接操作倒顺开关实现电动机正反转的电路,由于倒顺开关无灭弧装置,所以仅适用于电动机容量为 5.5 kW 以下的控制电路。对于容量大于 5.5 kW 的电动机,则用图 1-67(b)所示电路控制,在此倒顺开关仅用来预选电动机的旋转方向,而由接触器 KM 来接通与断开电源,控制电动机的启动与停止。由于采用接触器控制,并且接入热继电器 FR,所以电路具有长期过载保护和欠压与零压保护。

2. 按钮控制的可逆旋转控制电路

图 1-68 为按钮控制电动机正反转控制电路。图中 Q 为电源开关,FU1、FU2 为主电路与控制电路的熔断器,KM1、KM2 为同型号、同规格、同容量的交流接触器,用于控制电动机的正反转运行,FR 为热继电器,SB1 为停止按钮 SB2、SB3 分别为正反转启动按钮,M 为三相笼形感应电动机。

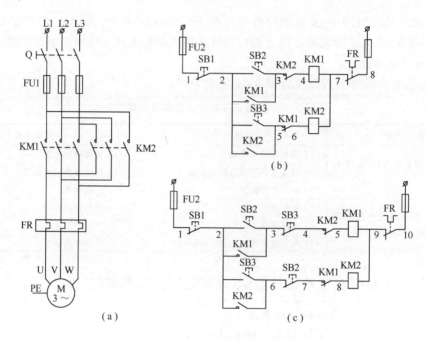

图 1-68　按钮控制电动机正反转控制电路

如图 1-68(b)所示,KM1、KM2 两个接触器的主触点接线的相序不同,KM1 按 U-V-W 相序接线,KM2 按 W-V-U 相序接线,即将 U、W 两相对调,两个接触器分别工作时,电动机的旋转方向不一样,实现了电动机的可逆运转。电路中如果 KM1、KM2 主触点同时闭合,会造成电源短路,为避免这种事故发生,在控制电路中采用互锁触点控制。

利用两个接触器(或继电器)的常闭辅助触点进行相互制约,保证两个接触器不同时得电,这种互锁称为电气互锁,其触点称为互锁触点。

电路工作原理:

合上电源开关 Q,按下正转启动按钮 SB2,SB2 的常开触点闭合,接触器 KM1 线圈得电,KM1 主触点闭合,电动机接通三相电源,正转启动运行;同时 KM1 辅助常开触点(2-3)闭合,使 KM1 线圈保持得电,电动机保持连续运行。KM1 的常闭辅助触点(5-6)断开,使 KM2 线圈不能得电。

先按下停止按钮 SB1,接触器 KM1 线圈失电释放,KM1 所有触点都复位,切断电动机的主电路和控制电路,电动机停止运行。再按下反转启动按钮 SB3,反转启动分析同正转。

该电路正转时,如要求反转,必须先按下停止按钮 SB1,让接触器线圈先失电,互锁触点复位,才能反转,这给操作带来了不便。对于要求电动机直接由正转变反转或反转直接变正转时,可采用复式按钮和接触器触点互锁电路,如图 1-68(c)所示。

图 1-68(c)是在图 1-68(b)的基础上增加了启动按钮的常闭触点作互锁,构成具有电气、按钮双互锁的控制电路。这样,当电动机需要反转时,只需要按下反转按钮 SB3,SB3 的常闭触点(3-4)便会断开 KM1 电路,KM1 起互锁作用的触点(7-8)复位,接通 KM2 线圈的控制电路,电动机反转。停止时,按下停止按钮 SB1 即可。

但是,复式按钮不能代替互锁触点的作用,如图 1-68 (c)所示。当主电路中正转接触器

KM1 的触点发生熔焊时,由于相同的机械连接,KM1 的辅助常开触点在线圈失电时不能复位,这时按下反转启动按钮 SB3,使得 KM2 得电,会造成电源短路故障。因此,这种保护作用仅采用复式按钮是做不到的。

3. 具有自动往返的可逆旋转电路

在生产机械中,许多工作部件的往返自动循环,也可以通过控制拖动电动机的正反转来实现。例如,龙门刨床工作台的前进与后退,根据工艺的要求,工作台在行程范围内,自动地实现启动、停止、反向的控制,这就需要按行程进行自动控制。为了实现这种控制,就要有测量位移的元件,即行程开关。

如图 1-69 所示,图中 SQ1 为反向转正向行程开关,SQ2 为正向转反向行程开关,行程开关 SQ3、SQ4 用以限位保护,避免工作台超越最大允许的位置。

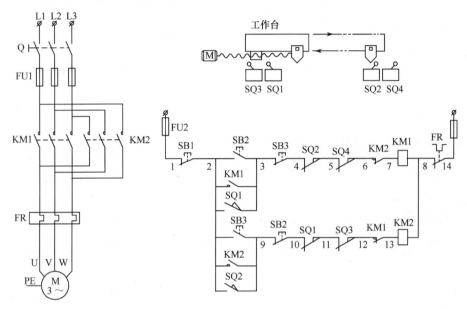

图 1-69　具有自动往返的可逆旋转电路

电路工作原理:

合上电源开关 Q,按下正转启动按钮 SB2,KM1 得电吸合并自锁,KM1 主触点闭合,电动机正转,带动工作台运动部件右移。当运动部件移至右端预定位置,挡块碰到 SQ2 时,将 SQ2 压下,SQ2 常闭触点(4-5)断开,KM1 线圈失电,触点复位,电动机正转停止,同时 SQ2 常开触点(2-9)闭合,KM2 线圈得电并自锁,此时电动机由正向旋转变为反向旋转,带动运动部件向左移动,直到按下 SQ1 限位开关,电动机由反转又变成正转,这样驱动运动部件进行往复循环运动。电路中 SQ3 和 SQ4 作为限位保护。

任务实施

1. 准备工作

(1) 认真读图,熟悉所用电器元件及其作用,配齐电路所用的元器件。

（2）元器件的技术数据（如型号、规格、额定电压、额定电流），应完整并符合要求，外观无损伤，备件、附件齐全完好。

（3）准备工具及仪表，导线若干。

（4）准备电动机连续运行电路。

2. 安装步骤和工艺要求

（1）识读正反转控制电路，明确电路所用电器元件及作用，熟悉电路工作原理。

（2）将所用电器元件贴上醒目标号。

（3）按生产工艺要求安装电路。

（4）接入电源，经教师检查合格后进行通电试车。

3. 注意事项

（1）接线时，必须先接负载端，后接电源端；先接接地线，后接三相电源线。

（2）通电试车时，必须先空载后再运行；当运行正常时再接上负载运行；若发现异常情况应立即失电检查。

想一想，做一做

（1）电路中自锁、互锁各起什么作用？

（2）分析自动往返运行控制电路。

 任务评估

姓名		学号		总成绩	
考核项目	考核点	考核人			得分
		教师	队友		
个人素质考核(15%)	学习态度与自主学习能力				
	团队合作能力				
电器元件基础知识(10%)	结合电路正确选择低压电器元件				
	利用工具和仪表检测常用低压电器元件				
实践操作能力(25%)	电气识图、设备运行、安装、调试与维护				
	电气产品生产现场的设备操作、产品测试和生产管理				
职业能力(20%)	电气识图、设备运行、安装、调试与维护				
	电气产品生产现场的设备操作、产品测试和生产管理				
方法能力(20%)	独立学习能力、获取新知识能力				
	决策能力制定、实施工作计划的能力				
社会能力(10%)	公共关系处理能力、劳动组织能力				
	集体意识、质量意识、环保意识、社会责任心				

知识拓展

位置开关是操作机构在机器的运动部件到达一个预定位置时进行操作的一种指示开关。它包括行程开关（限位开关）、接近开关等。这里着重介绍在生产中应用较广泛的行程开关，并简单介绍接近开关的作用及工作原理。

一、接近开关

接近开关又称无触点位置开关，是一种与运动部件无机械接触而能操作的位置开关。当运动的物体靠近开关到一定位置时，开关发出信号，达到行程控制、计数及自动控制的作用。它的用途除了行程控制和限位保护外，还可作为检测金属体的存在、高速计数、测速、定位、变换运动方向、检测零件尺寸、液面控制及用作无触点按钮等。与行程开关相比，接近开关具有定位精度高、工作可靠、寿命长、操作频率高以及能适应恶劣工作环境等优点。但接近开关在使用时，一般需要由触点继电器作为输出器。

按工作原理来分，接近开关有高频振荡型、感应电桥型、霍尔效应型、光电型、永磁及磁敏元件型、电容型和超声波型等多种类型。高频振荡型的电路原理如图 1-70 所示。

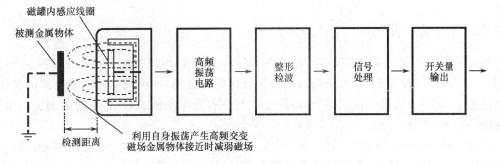

图 1-70　高频振荡型接近开关原理方框图

高频振荡型接近开关的工作原理为：当有金属物体靠近一个以一定频率稳定振荡的高频振荡器的感应头附近时，由于感应作用，该物体内部会产生涡流及磁滞损耗，以致振荡回路因电阻增大、能耗增加而使振荡减弱，直至停止振荡。检测电路根据振荡器的工作状态控制输出电路的工作，输出信号去控制继电器或其他电器，以达到控制目的。

目前，在工业生产中，LJ1、LJ2 等系列晶体管接近开关已逐步被 LJ、LXJ10 等系列集成电路接近开关所取代。LJ 系列集成电路接近开关是由德国西门子公司元器件组装而成。其性能可靠，安装使用方便，产品品种规格齐全，应用广泛。

LJ 系列接近开关按供电方式可分为直流型和交流型，按输出型式又可分为直流两线制、直流三线制、直流四线制、直流五线制、交流两线制和交流五线制。交流两线接近开关的外形和接线方式如图 1-71(a)、(b)所示，接近开关在电路图中的符号如图 1-71(c)所示。

LJ 系列接近开关的型号及含义如图 1-72 所示。

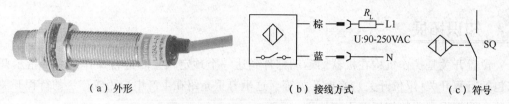

（a）外形　　　　　　　（b）接线方式　　　　　　（c）符号

图 1-71　交流两线接近开关的外形和接线方式

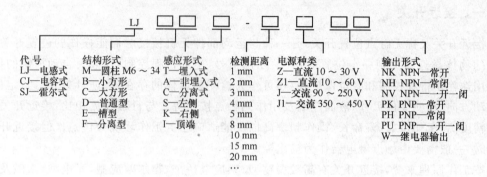

图 1-72　LJ 系列接近开关的型号及含义

二、万能转换开关

万能转换开关是由多组相同结构的开关元件叠装而成，可以控制多回路的一种主令电器。可用于控制高压油断路器、空气断路器等操作机构的分合闸、各种配电设备中电路的换接、遥控和电流表、电压表的换相测量等；也可用于控制小容量电动机的启动、换向和调速。由于它换接的电路多，用途广泛，故称为万能转换开关。

万能转换开关由凸轮机构、触点系统和定位装置等部分组成。它依靠凸轮转动，用变换半径来操作触点，使其按预定顺序接通与分断电路；同时由定位机构和限位机构来保证动作的准确可靠。

常用的万能转换开关有 LW5、LW6 系列。LW5 系列万能转换开关，其额定电压为交流 380 V 或直流 220 V，额定电流 15 A，允许正常操作频率为 120 次/h，机械寿命 100 万次，电寿命 20 万次。LW5 型 5.5 kW 手动转换开关是 LW5 系列的派生产品，专用于 5.5 kW 以下电动机的直接启动、正反转和双速电动机的变速。LW6 系列是一种适用于交流 50 Hz，电压交流至 380 V，直流至 220 V，工作电流至 5 A 的控制电路中，体积小巧的转换开关，也可用于不频繁地控制 2.2 kW 以下的小型感应电动机。

1. 万能转换开关的型号及含义

常用的万能转换开关有 LW5、LW6、LW15 等系列，不同系列的万能转换开关的型号组成及含义有较大差别。LW5 系列万能转换开关的型号及含义如图 1-73 所示。

2. 万能转换开关的结构与工作原理

万能转换开关主要由接触系统、操作机构、转轴、手柄、定位机构等部件组成，用螺栓组装成整体。其外形及工作原理如图 1-74 所示。

万能转换开关的接触系统由许多接触元件组成，每一接触元件均有一胶木触点座，中间装

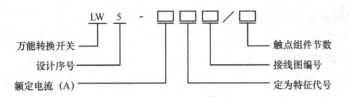

图 1-73　LW5 系列万能转换开关的型号及含义

有一对或三对触点,分别由凸轮通过支架操作。操作时,手柄带动转轴和凸轮一起旋转,则凸轮即可推动触点接通或断开,如图 1-74(b)所示。由于凸轮的形状不同,当手柄处于不同的操作位置时,触点的分合情况也不同,从而达到换接电路的目的。

　　万能转换开关在电路图中的符号如图 1-75(a)所示。图中"—○○—"代表一路触点,竖的虚线表示手柄位置。当手柄置于某一个位置上时,就在处于接通状态的触点下方的虚线上标注黑点"·"。触点的通断也可用图 1-75(b)所示的触点分合表来表示。表中"×"号表示触点闭合,空白表示触点分断。

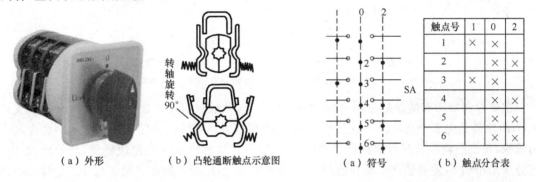

（a）外形　　（b）凸轮通断触点示意图　　　　　（a）符号　　　　（b）触点分合表

图 1-74　LW5 系列万能转换开关　　　　　　　图 1-75　万能转换开关的符号

三、主令控制器

　　主令控制器是按照预定程序换接控制电路接线的主令电器,主要用于电力拖动系统中,按照预定的程序分合触点,向控制系统发出指令,通过接触器以达到控制电动机的启动、制动、调速及反转的目的,同时也可实现控制电路的连锁作用。

1. 主令控制器的型号及含义(见图 1-76)

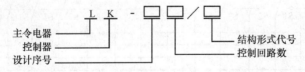

图 1-76　主令控制器的型号及含义

2. 主令控制器的结构与工作原理

　　主令控制器按结构形式分为凸轮调整式和凸轮非调整式两种。所谓非调整式主令控制器是指其触点系统的分合顺序只能按指定的触点分合表要求进行,在使用中用户不能自行调整,若需要调整必须更换凸轮片。调整式主令控制器是指其触点系统的分合程序可随时按控制系统的要求进行编制及调整,调整时不必更换凸轮片。

目前,生产中常用的主令控制器有 LK1、LK4、LK5 和 LK16 等系列,其中 LK1、LK5、LK16 系列属于非调整式主令控制器,LK4 系列属于调整式主令控制器。

LK1 系列主令控制器主要由基座、转轴、动触点、静触点、凸轮鼓、操作手柄、面板支架及外护罩组成。其外形及结构如图 1-77 所示。

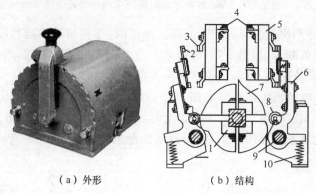

（a）外形　　　　　　（b）结构

图 1-77　主令控制器和外形和结构

1—方形转轴；2—动触点；3—静触点；4—接线柱；5—绝缘板；
6—支架；7—凸轮块；8—小轮；9—转动轴；10—复位弹簧

主令控制器所有的静触点都安装在绝缘板 5 上,动触点固定在能绕转动轴 9 转动的支架 6 上;凸轮鼓是由多个凸轮块 7 嵌装而成,凸轮块根据触点系统的开闭顺序制成不同角度的凸出轮缘,每个凸轮块控制两副触点。当转动手柄时,方形转轴带动凸轮块转动,凸轮块的凸出部分压动小轮 8,使动触点 2 离开静触点 3,分断电路;当转动手柄使小轮 8 位于凸轮块 7 的凹处时,在复位弹簧的作用下使动触点和静触点闭合,接通电路。可见触点的闭合和分断顺序是由凸轮块的形状决定的。

LK1-12/90 型主令控制器在电路图中的符号如图 1-78 所示。

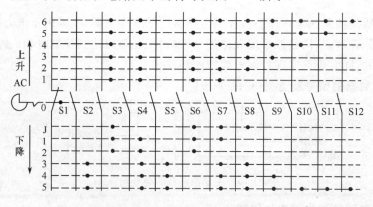

图 1-78　主令控制器的符号

任务 3　两台电动机顺序控制电路的安装与调试

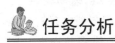 **任务描述**

（1）能够根据任务要求选择和维护低压电器元件。

（2）能够设计、连接两台电动机顺序控制电路。

（3）能够利用电路图、仪表和工具对出现的常见故障进行分析和维护。

 任务分析

本任务的内容主要包括以下几方面：

（1）拟定两台电动机顺序控制电路；

（2）选择电路所需的低压电器元件；

（3）绘制顺序控制的电气原理图、元件布置图、接线图；

（4）根据所绘图纸接线；

（5）通电，安装、调试电路。

知识准备

一、时间继电器

自得到动作信号起至触点动作或输出电路产生跳跃式改变有一定延时时间，该延时时间又符合其准确度要求的继电器称为时间继电器。它广泛用于需要按时间顺序进行控制的电气控制电路中。

常用的时间继电器主要有电磁式、电动式、空气阻尼式、晶体管式等。其中，电磁式时间继电器的结构简单，价格低廉，但体积和重量较大，延时较短（如 JT3 型只有 $0.3 \sim 5.5\ \mathrm{s}$），且只能用于直流断电延时；电动式时间继电器的延时精度高，延时可调范围大（由几分钟到几小时），但结构复杂，价格贵。目前，在电力拖动电路中应用较多的是空气阻尼式时间继电器。随着电子技术的发展，近年来晶体管式时间继电器的应用日益广泛。

1. 直流电磁式时间继电器

直流电磁式时间继电器是利用磁系统在电磁线圈失电后磁通延缓变化的原理工作的。为达到延时目的，常在继电器电磁系统中增设阻尼圈来实现。延时的长短由磁通衰减速度决定，它取决于阻尼圈的时间常数 L/R。因此，为了获得较大的延时，总是设法使阻尼圈的电感尽可能大，电阻尽可能小。对要求延时达到 3 s 的继电器，采用在铁心上套铝管的方法；对要求延时达到 5 s 的继电器，则采用铜管。为了扩大延时范围，还可采用释放时将线圈短接的方法。此时，为防止电源短路，应在线圈回路中串一个电阻 R，由于工作线圈也参与阻尼作用，故其延时可进一步加长。改变安装在衔铁上的非磁性垫片的厚度及反力弹簧的松紧程度，也可调节延时的长短。

电磁式时间继电器具有结构简单、运行可靠、寿命长、允许通电次数多等优点,但也存在许多缺点,如仅适用于直流电路、仅能在断电时获得延时、延时时间较短、延时精度低、体积大等,这就限制了它的应用。

常用的直流电磁式时间继电器有 JT18 系列。

2. 电动式时间继电器

电动式时间继电器是由微型同步电动机拖动减速机构,经机械机构获得触点延时动作的时间继电器,其常用的有 JS11 系列。

JS11 系列电动式时间继电器由微型同步电动机、离合电磁铁、减速齿轮组、差动轮系、复位游丝、触点系统、脱扣机构和延时整定装置等部分组成。它具有通电延时型与断电延时型两种,这里所指的通电与断电是在微型同步电动机接通电源之后,离合电磁铁线圈的通电与断电。图 1-79 为 JS11 系列通电延时型电动式时间继电器外形与结构示意图。

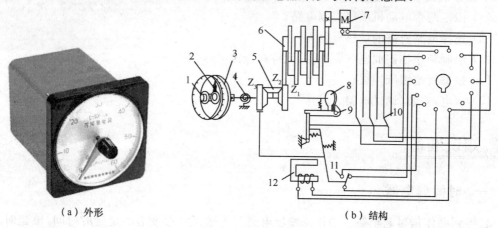

（a）外形　　　　　　　　　　　　（b）结构

图 1-79　JS11 通电延时型电动式时间继电器外形与结构示意图

1—延时调整处;2—指针;3—刻度盘;4—复位游丝;5—差动轮系;6—减速齿轮;
7—同步电动机;8—凸轮;9—脱扣机构;10—延时触点;11—瞬动触点;12—离合电磁铁

延时长短可通过改变整定装置中定位指针位置,即改变凸轮的初始位置来实现,但定位指针的调整对于通电延时型时间继电器应在离合电磁铁线圈断电情况下进行。

由于应用机械延时原理,所以电动式时间继电器延时范围宽,以 JS11 系列为例,其延时可在 0~72 h 范围内调整,而且延时的整定偏差和重复偏差较小,一般在最大整定值的 ±1% 之内。

同其他类型的时间继电器相比,电动式时间继电器具有延时值不受电源电压波动及环境温度变化的影响;延时范围大,延时直观等优点。其主要缺点有机械结构复杂,成本高,不适宜频繁操作,延时误差受电源频率影响等。

3. JS7-A 系列空气阻尼式时间继电器

空气阻尼式时间继电器又称气囊式时间继电器,是利用气囊中的空气通过小孔节流的原理来获得延时动作的。根据触点延时的特点,可分为通电延时动作型和断电延时复位型两种。

1) JS7-A 系列空气阻尼式时间继电器的型号及含义(见图 1-80)

2) JS7-A 系列空气阻尼式时间继电器的外形和结构

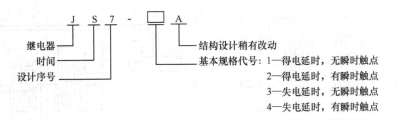

图 1-80　JS7-A 系列空气阻尼式时间继电器的型号及含义

JS7-A 系列空气阻尼式时间继电器的外形和结构如图 1-81 所示,它主要由以下几部分组成:

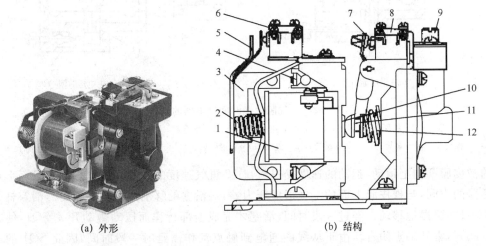

(a) 外形　　　　　　　　(b) 结构

图 1-81　JS7-A 系列时间继电器的外形和结构

1—线圈;2—反力弹簧;3—衔铁;4—铁心;5—弹簧片;6—瞬时触点;7—杠杆;
8—延时触点;9—调节螺钉;10—推杆;11—活塞杆;12—宝塔形弹簧

(1) 电磁系统:由线圈、铁心和衔铁组成。

(2) 触点系统:包括两对瞬时触点(一常开、一常闭)和两对延时触点(一常开、一常闭),瞬时触点和延时触点分别是两个微动开关的触点。

(3) 空气室:空气室为一空腔,由橡皮膜、活塞等组成。橡皮膜可随空气的增减而移动,顶部的调节螺钉可调节延时时间。

(4) 传动机构:由推杆、活塞杆、杠杆及各种类型的弹簧等组成。

(5) 基座:用金属板制成,用以固定电磁机构和气室。

3) 工作原理

JS7-A 系列时间继电器的结构如图 1-82 所示。其中图 1-82(a)所示为得电延时型,图 1-82(b)所示为失电延时型。

下面介绍一下这两种时间继电器的工作原理。

(1) 通电延时型时间继电器的工作原理。当线圈 2 得电后,铁心 1 产生吸力,衔铁 3 克服反力弹簧 4 的阻力与铁心吸合,带动推板 5 立即动作,压合微动开关 SQ2,使其常闭触点瞬时断开,常开触点瞬时闭合。同时活塞杆 6 在宝塔形弹簧 7 的作用下向上移动,带动与活塞 13

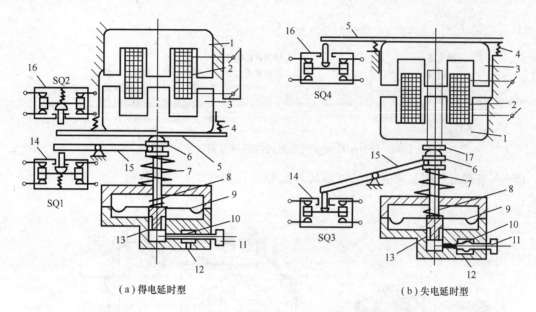

（a）得电延时型　　　　　　　　　　　（b）失电延时型

图 1-82　空气阻尼式时间继电器的结构

1—铁心；2—线圈；3—衔铁；4—反力弹簧；5—推板；6—活塞杆；7—宝塔形弹簧；8—弱弹簧；

9—橡皮膜；10—螺旋；11—调节螺钉；12—进气口；13—活塞；14、16—微动开关；15—杠杆；17—推杆

相连的橡皮膜 9 向上运动，运动的速度受进气口 12 进气速度的限制。这时橡皮膜下面形成空气较稀薄的空间，与橡皮膜上面的空气形成压力差，对活塞的移动产生阻尼作用。活塞杆带动杠杆 15 只能缓慢地移动。经过一段时间，活塞才完成全部行程而压动微动开关 SQ1，使其常闭触点断开，常开触点闭合。由于从线圈通电到触点动作需延时一段时间，因此 SQ1 的两对触点分别被称为延时闭合瞬时断开的常开触点和延时断开瞬时闭合的常闭触点。这种时间继电器延时时间的长短取决于进气的快慢，旋动调节螺钉 11 可调节进气孔的大小，即可达到调节延时时间长短的目的。JS7-A 系列时间继电器的延时范围有 0.4～60 s 和 0.4～180 s 两种。

当线圈 2 失电时，衔铁 3 在反力弹簧 4 的作用下，通过活塞杆 6 将活塞推向下端，这时橡皮膜 9 下方腔内的空气通过橡皮膜 9、弱弹簧 8 和活塞 13 局部所形成的单向阀迅速从橡皮膜上方的气室缝隙中排掉，使微动开关 SQ1、SQ2 的各对触点均瞬时复位。

（2）断电延时型时间继电器。JS7-A 系列断电延时型和通电延时型时间继电器的组成元件是通用的。如果将通电延时型时间继电器的电磁机构翻转 180°安装即成为断电延时型时间继电器。其工作原理读者可自行分析。

空气阻尼式时间继电器的优点是：延时范围较大（0.4～180 s），且不受电压和频率波动的影响；可以做成通电和断电两种延时形式；结构简单、寿命长、价格低。其缺点是：延时误差大，难以精确地整定延时值，且延时值易受周围环境温度、尘埃等的影响。因此，对延时精度要求较高的场合不宜采用。

时间继电器在电路图中的符号如图 1-83 所示。

4）选用

（1）根据系统的延时范围和精度选择时间继电器的类型和系列。在延时精度要求不高的

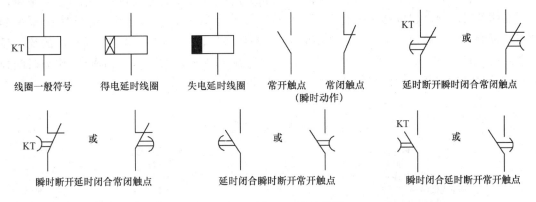

图 1-83　时间继电器的符号

场合,一般可选用价格较低的 JS7-A 系列空气阻尼式时间继电器。反之,对精度要求较高的场合,可选用晶体管式时间继电器。

(2) 根据控制电路的要求选择时间继电器的延时方式(通电延时或断电延时)。同时,还必须考虑电路对瞬时动作触点的要求。

(3) 根据控制电路电压选择时间继电器吸引线圈的电压。

5) 安装与使用

(1) 时间继电器应按说明书规定的方向安装。无论是通电延时型还是断电延时型,都必须使继电器在断电后,释放时衔铁的运动方向垂直向下,其倾斜度不得超过 $5°$。

(2) 时间继电器的整定值,应预先在不通电时整定好,并在试车时校正。

(3) 时间继电器金属底板上的接地螺钉必须与接地线可靠连接。

(4) 通电延时型和断电延时型可在整定时间内自行调换。

(5) 使用时,应经常清除灰尘及油污,否则延时误差将更大。

6) 常见故障及处理方法

JS7-A 系列空气阻尼式时间继电器的触点系统和电磁系统的故障及处理方法如表 1-11 所示。

表 1-11　JS7-A 系列时间继电器常见故障及处理方法

故障现象	可能的原因	处理方法
延时触点不动作	(1) 电磁线圈断线 (2) 电源电压过低 (3) 传动机构卡住或损坏	(1) 更换线圈 (2) 调高电源电压 (3) 排除卡住故障或更换部件
延时时间缩短	(1) 气室装配不严,漏气 (2) 橡皮膜损坏	(1) 修理或更换气室 (2) 更换橡皮膜
延时时间变长	气室内有灰尘,使气道阻塞	清除气室内灰尘,使气道畅通

4. 晶体管时间继电器

晶体管时间继体器也称为半导体时间继电器或电子式时间继电器,具有机械结构简单、延时范围广、精度高、消耗功率小、调整方便及寿命长等优点,所以其发展迅速,应用也越来越广泛。晶体管时间继电器按结构分为阻容式和数字式两类;按延时方式分为通电延时型、断电延时型及带瞬动触点的通电延时型。常用的 JS20 系列晶体管时间继电器是全国推广的统一设计产品,适用于交流 50 Hz、电压 380 V 及以下或直流 110 V 及以下的控制电路,作为时间控制元件,按预定的时间延时,周期性地接通或分断电路。

1) 晶体管时间继电器的型号及含义(见图 1-84)

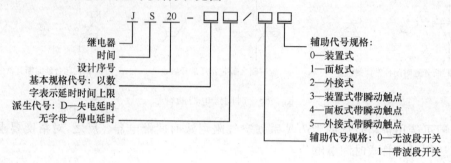

图 1-84 晶体管时间继电器的型号及含义

2) 晶体管时间继体器的结构

JS20 系列时间继电器的外形如图 1-85(a)所示。继电器具有保护外壳,其内部结构采用印制电路组件。安装和接线采用专用的插接座,并配有带插脚标记的下标牌作接线指示,上标盘上还带有发光二极管作为动作指示。结构形式有外接式、装置式和面板式 3 种。外接式的整定电位器可通过插座用导线接到所需的控制板上;装置式具有带接线端子的胶木底座;面板式采用通用八大脚插座,可直接安装在控制台的面板上,另外还带有延时刻度和延时旋钮供整定延时时间用。JS20 系列通电延时型时间继电器的接线示意图如图 1-85(b)所示。

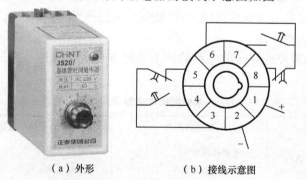

(a)外形　　　　　(b)接线示意图

图 1-85 JS20 系列时间继电器的外形与接线

3) 晶体管时间继体器的工作原理

JS20 系列通电延时型时间继电器的电路如图 1-86 所示。它由电源、电容充放电电路、电压鉴别电路、输出和指示电路五部分组成。电源接通后,经整流滤波和稳压后的直流电经过 RP_1 和 R_2 向电容 C_2 充电。当场效应管 V_6 的栅源电压 U_{gs} 低于夹断电压 U_p 时,V_6 截止,因而 V_7、V_8 也处于截止状态。随着充电的不断进行,电容 C_2 的电位按指数规律上升,当满足 U_{gs} 高于 U_p 时,V_6 导通,V_7、V_8 也导通,继电器 KA 吸合,输出延时信号。同时电容 C_2 通过 R_8

和 KA 的常开触点放电,为下次动作做好准备。当切断电源时,继电器 KA 释放,电路恢复原始状态,等待下次动作。调节 RP_1 和 RP_2 即可调整延时时间。

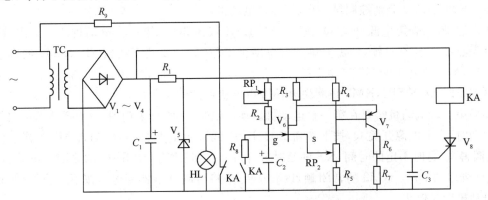

图 1-86 JS20 系列通电延时型时间继电器的电路图

二、两台电动机顺序控制电路

目前,生产机械上已广泛采用多台电动机拖动,即在一台生产机械上采用几台、甚至十几台电动机拖动各个部件,而各个运动部件之间是相互联系的。为实现复杂的工艺要求和保证可靠地工作,各部件常常需要按一定的顺序工作。使用机械方法来完成这项工作将使机构异常复杂,有时还不易实现,而采用电气控制却极为简单。

图 1-87 为两台电动机顺序控制电路。该图能实现电动机 M1 先启动,而后 M2 才能启动;M1、M2 同时停止。

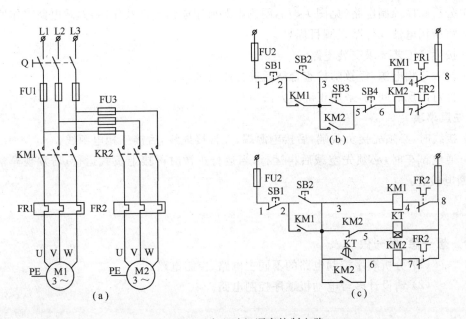

图 1-87 两台电动机顺序控制电路

图 1-87(b)为按钮实现的顺序启动。SB1 为总停止按钮，SB2 为第一台电动机的启动按钮，SB3 为第二台电动机的启动按钮，SB4 为第二台电动机的停止按钮，FR1、FR2 为热继电器的触点。KM1、KM2 分别控制第一台、第二台电动机。

顺序启动时，合上电源开关 Q，按下 SB2，KM1 线圈得电，第一台电动机 M1 工作，KM1 的常开触点(2-3)闭合自锁，到需要第二台电动机工作时，只要按下按钮 SB3，KM2 线圈便得电并自锁，第二台电动机 M2 启动工作。按下 SB1，两台电动机同时停止。在需要第二台电动机单独停止时，按下 SB4，KM2 线圈失电，M2 电动机可以停止运行。

如果第二台电动机需要在第一台电动机启动后定时启动，可采用图 1-87(c)所示电路。

启动时，合上电源开关 Q，按下按钮 SB2，KM1 线圈得电并自锁，电动机 M1 工作。同时 KT 线圈得电，延时一定的时间，KT 的延时常开触点(3-6)闭合，使 KM2 的线圈得电并自锁，M2 电动机启动工作。KM2 的常闭触点(3-5)断开，将时间继电器断电。按下停止按钮 SB1，两台电动机同时停止。

任务实施

1. 准备工作

(1) 认真读图，熟悉所用的电器元件及其作用，配齐电路所用元件。

(2) 元器件的技术数据(如型号、规格、额定电压、额定电流)，应完整并符合要求，外观无损伤，备件、附件齐全完好。

(3) 准备工具、仪表及导线若干。

(4) 准备两台三相笼形异步电动机。

2. 安装步骤和工艺要求

(1) 分析顺序控制电路(见图 1-87)，明确电路所用电器元件及作用，熟悉电路工作原理。

(2) 将所用电器元件贴上醒目标号。

(3) 按生产工艺要求安装电路。

(4) 接入三相电源，经教师检查合格后进行通电试车。

(5) 针对出现的问题，采用正确的方法检修。

3. 注意事项

(1) 接线时，必须先接负载端，后接电源端；先接接地线，后接三相电源线。

(2) 通电试车时，必须先空载后再运行；当运行正常时再接上负载运行；若发现异常情况应立即断电检查。

想一想，做一做

(1) 分析顺序控制电路的不同主电路、控制电路。

(2) 请设计多台电动机顺序控制电路。

任务评估

姓名		学号		总成绩	
考核项目	考核点	考核人			得分
		教师	队友		
个人素质考核(15%)	学习态度与自主学习能力				
	团队合作能力				
电器元件基础知识(10%)	结合电路正确选择低压电器元件				
	利用工具和仪表检测常用低压电器元件				
实践操作能力(25%)	电气识图、设备运行、安装、调试与维护				
	电气产品生产现场的设备操作、产品测试和生产管理				
职业能力(20%)	电气识图、设备运行、安装、调试与维护				
	电气产品生产现场的设备操作、产品测试和生产管理				
方法能力(20%)	独立学习能力、获取新知识能力				
	决策能力制定、实施工作计划的能力				
社会能力(10%)	公共关系处理能力劳动组织能力				
	集体意识、质量意识、环保意识、社会责任心				

任务4　三相笼形异步电动机降压启动控制电路的安装与调试

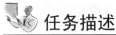

任务描述

(1) 能够根据任务要求选择和维护低压电器元件。
(2) 能够判断电动机采用降压启动的条件。
(3) 设计电动机降压启动控制电路。
(4) 能够根据电路图、仪表和工具对出现的常见故障进行分析和维护。

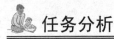

任务分析

本任务的内容主要包括以下几方面：
(1) 分析电动机能否采用降压启动。
(2) 拟定电动机降压启动控制电路。
(3) 选择电动机降压启动电气控制电路所需的低压电器元件。
(4) 绘制降压启动控制电路。
(5) 根据电路图安装、调试电路。

知识准备

一、中间继电器

中间继电器是用来增加控制电路中的信号数量或将信号放大的继电器。其输入信号是线圈的得电与失电,输出信号是触点的动作,由于触点的数量较多,所以可用来控制多个元件或回路。

1. 中间继电器的型号及含义(见图 1-88)

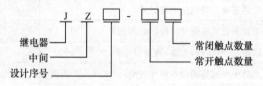

图 1-88 中间继电器的型号及含义

2. 中间继电器的结构及工作原理

中间继电器的结构及工作原理与接触器基本相同,因而中间继电器又称为接触器式继电器。但中间继电器的触点对数多,且没有主辅之分,各对触点允许通过的电流大小相同,多数为 5 A。因此,对于工作电流小于 5 A 的电气控制电路,可用中间继电器代替接触器实施控制。

常用的中间继电器有 JZ7、JZ14 等系列。JZ7 系列为交流中间继电器,其结构如图 1-88(a)所示。

JZ7 系列中间继电器采用立体布置,由铁心、衔铁、线圈、触点系统、反作用弹簧和缓冲弹簧等组成。触点采用双断点桥式结构,上下两层各有 4 对触点,下层触点只能是常开触点,故触点系统可按 8 常开,6 常开、2 常闭及 4 常开、4 常闭组合。继电器吸引线圈额定电压有 12 V、36 V、110 V、220 V、380 V 等。

JZ14 系列中间继电器有交流操作和直流操作两种,采用螺管式电磁系统和双断点桥式触点,其基本结构为交直流通用,只是交流铁心为平顶形,直流铁心与衔铁为圆锥形接触面,触点采用直列式分布,对数达 8 对,可按 6 常开、2 常闭;4 常开、4 常闭或 2 常开、6 常闭组合。该系列继电器带有透明外罩,可防尘埃进入内部而影响工作的可靠性。

中间继电器在电路图中的符号如图 1-89(b)所示。

3. 中间继电器的选用

中间继电器主要依据被控制电路的电压等级、所需触点的数量、种类、容量等要求来选择。中间继电器的安装、使用、常见故障及处理方法与接触器类似。

二、三相笼形电动机降压启动控制电路

三相笼形电动机直接启动控制电路简单、经济、操作方便。但对于容量较大的电动机来说,由于启动电流大,电网电压波动大,为限制电动机较大的启动电流对电网的影响,一般都采用减压启动的方式启动。

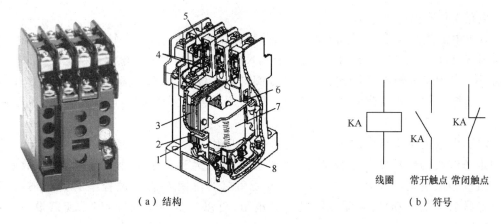

（a）结构   （b）符号

图 1-89   JZ7 系列中间继电器

1—静铁心；2—短路环；3—衔铁；4—常开触点；5—常闭触点；6—反作用弹簧；7—线圈；8—缓冲弹簧

所谓减压启动，是在启动时将电源电压适当降低，再加到电动机定子绕组上，启动完毕再将电压恢复到额定值运行，以减小启动电流对电网和电动机本身的冲击。

机床上常用的减压启动方法有定子串电阻减压启动、Y-△减压启动、自耦变压器减压启动、延边三角形减压启动等。

1. 定子绕组串接电阻（或电抗）的减压启动控制

三相笼形感应电动机定子绕组串电阻启动不受电动机接线型式的限制，设备简单、经济，故获得广泛应用。

在电动机定子端串联电阻实行降压启动的方式，在电动机启动时，将电阻串入定子电路，使启动电流减小；待转速上升到一定程度后，将启动电阻切除，使电动机在额定电压运行。

图 1-90 为定子绕组串电阻减压启动控制电路。Q 为电源开关，KM1 为电动机启动时的接触器，KM2 为电动机正常运行时的接触器，R_{st} 为启动电阻，KT 为从启动到正常运行时的转换时间继电器。

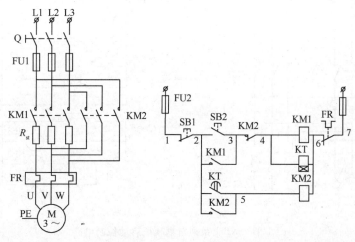

图 1-90   串电阻减压启动控制电路

电路工作原理：

合上电源开关 Q，按下启动按钮 SB2，KM1 线圈得电并自锁，KM1 主触点闭合，电动机串联电阻 R_{st} 后启动；KM1 常开触点(2-3)闭合，KT 线圈得电，时间继电器开始延时，延时时间到达后，KT 延时常开触点(2-5)闭合，KM2 线圈得电并自锁，KM2 主触点闭合，短接电阻，电动机全压运行。KM2 的常闭触点(3-4)断开，KM1、KT 线圈失电释放，也就是说，电动机在正常工作时，只有 KM2 吸合。这样既保证了工作可靠，又节约了电能。

定子串电阻减压启动的方法，在定子串入电阻，会减小定子绕组的电压，因为启动转矩和定子绕组的电压的平方成正比，这种方法在很大程度上减小了启动转矩，故它只适合空载或轻载启动的场合。另一方面，由于串接的电阻在启动过程中有能量损耗，不适用于经常启动的电动机，若采用电抗代替电阻，可以减少能量损耗，但是所需设备费用较高，且体积大。

2. 自耦变压器减压启动控制

电动机自耦变压器减压启动是将自耦变压器一次侧接在电网上，启动时定子绕组接在自耦变压器的二次侧上。这样，启动时电动机接入的电压为自耦变压器的二次电压。待电动机转速接近电动机的额定转速时，再将电动机定子绕组接在电网上，即电动机在额定电压下进入正常运转。这种减压启动适用于较大容量电动机的空载或轻载启动。自耦变压器二次绕组一般有 3 个抽头，用户可根据电网允许的启动电流和机械负载所需的启动转矩来选择。

图 1-91 为 XJ01 系列的自耦减压启动电路图。图中 KM1 为减压启动接触器，KM2 为全压运行接触器，KA 为中间继电器，KT 为减压启动时间继电器，HL1 为电源指示灯，HL2 为减压启动指示灯，HL3 为正常运行指示灯。

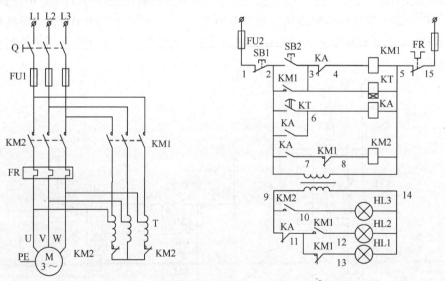

图 1-91　XJ01 系列自耦减压启动控制电路

表 1-12 列出了部分 XJ01 系列自耦减压启动器技术数据。

表 1-12　XJ01 系列自耦减压启动器技术数据

型号	被控制电动机功率/kW	最大工作电流/A	自耦变压器功率/kW	电流互感器电流比	热继电器整定电流/A
XJ01-14	14	28	14	—	32
XJ01-20	20	40	20	—	40
XJ01-28	28	58	28	—	63
XJ01-40	40	77	40	—	85
XJ01-55	55	110	55	—	120
XJ01-75	75	142	75	—	142
XJ01-80	80	152	115	300/5	2.8
XJ01-95	95	180	115	300/5	3.2
XJ01-100	100	190	115	300/5	3.5

电路工作原理:

合上电源开关 Q,HL1 灯亮,表明电源电压正常。按下启动按钮 SB2,KM1、KT 线圈同时得电并自锁,将自耦变压器接入,电动机由自耦变压器二次电压供电作减压启动,同时指示灯 HL1 灭,HL2 灯亮,显示电动机正进行减压启动。当电动机转速接近额定转速时,时间继电器 KT 得电,延时闭合触点(2-6)闭合,使 KA 线圈得电并自锁,KA 常闭触点(3-4)断开,KM1 线圈失电释放,将自耦变压器从电路切除;KA 的另一对常闭触点(9-11)断开,HL2 指示灯灭; KA 的常开触点(2-7)闭合,使 KM2 线圈得电吸合,电源电压全部加在电动机定子上时,电动机在额定电压下进入正常运转,同时 HL3 指示灯亮,表明电动机减压启动结束,电动机在额定电压下正常运行。由于自耦变压器星形连接部分的电流为自耦变压器一、二次电流之差,故用 KM2 辅助触点来连接。

3. 星形-三角形(Y-△)减压启动控制电路

对于正常运行时三相定子绕组接成三角形运转的三相笼形感应电动机,都可采用 Y-△减压启动。启动时,定子绕组先接成星形,待电动机转速上升到接近额定转速时,将定子绕组接成三角形,电动机便进入全压下的正常运行。

图 1-92 为 QX4 系列自动星形-三角形启动器电路,适用于 125 kW 及以下的三相笼形异步电动机作 Y-△减压启动和停止的控制。该电路采用 KM1、KM2、KM3 控制电动机绕组的接法,其中 KM1 和 KM3 接通时,电动机绕组接成星形,KM1、KM2 接通时,电动机绕组接成三角形,该电路具有短路保护、过载保护和失压保护等功能。

电路工作原理:

合上电源开关 Q,按下启动按钮 SB2,KM1、KT、KM3 线圈得电并实现 KM1 自锁,电动机三相定子绕组接成星形,电动机减压启动;当电动机的转速接近额定转速时,时间继电器 KT 动作,KT 的常闭触点(5-6)断开,KM3 线圈失电释放;同时 KT 常开触点(3-7)闭合,KM2 线圈得电吸合并自锁,电动机绕组接成三角形全压运行。当 KM2 得电吸合后,KM2 常闭触点(3-5)断开,使时间继电器 KT 线圈失电,避免时间继电器长期工作。KM2 常闭触点(3-5)和 KM3 常闭触点(7-8)为互锁触点,以防止同时得电造成电源短路。

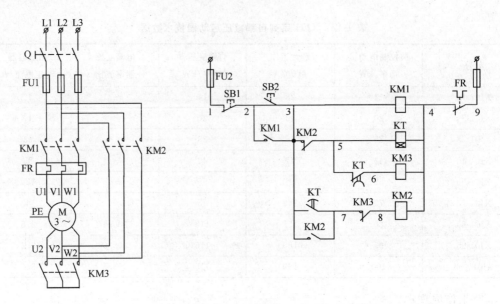

图 1-92　13 kW 以上电动机 Y-△ 启动控制电路

　　该电路启动时,由于每相绕组的电压下降到正常工作电压的 $1/\sqrt{3}$,故启动电流则下降到全压启动时的 1/3,其启动转矩只有全压启动时的 1/3。这种减压启动方法简便、经济,可用在操作较频繁的场合,但 Y 系列电动机启动转矩为额定转矩的 1.4～2.2 倍,所以 Y 系列电动机 Y-△ 启动不仅适用于轻载启动,也适用于较重负载下的启动。

　　QX4 系列自动星形-三角形启动器技术数据如表 1-13 所示。

表 1-13　QX4 系列星形-三角形启动器技术数据

型号	被控制电动机 功率/kW	额定电流/A	热继电器 整定电流/A	时间继电器 整定值/s
QX4-17	13 17	26 33	15 19	11 13
QX4-30	22 30	42.5 58	25 34	15 17
QX4-55	40 55	77 105	45 61	20 24
QX4-75	75	142	85	30
QX4-125	125	260	100～160	14～60

任务实施

1. 准备工作

(1) 认真读图,熟悉所用电器元件及其作用,配齐电路所用元件,进行检查。

(2) 准备工具、仪表及导线若干。

（3）根据任务要求绘制相应的电气原理图、接线图。

（4）对电动机的质量进行常规检查。

2. 安装步骤和工艺要求

（1）分析电动机降压控制电路，明确电路所用电器元件及作用，熟悉电路工作原理。

（2）将所用电器元件贴上醒目标号。

（3）按生产工艺要求安装电路。

（4）将三相电源接入控制开关，经教师检查合格后进行通电试车。

3. 注意事项

（1）接线时，必须先接负载端，后接电源端；先接接地线，后接三相电源线。

（2）通电试车时，必须先空载后再运行；当运行正常时再接上负载运行；若发现异常情况应立即断电检查。

想一想，做一做

（1）三相异步电动机什么条件允许降压启动？

（2）分析星三角降压启动控制电路。

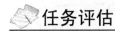

任务评估

姓名		学号		总成绩	
考核项目	考核点		考核人		得分
		教师	队友		
个人素质考核（15%）	学习态度与自主学习能力				
	团队合作能力				
电器元件基础知识（10%）	结合电路正确选择低压电器元件				
	利用工具和仪表检测常用低压电器元件				
实践操作能力（25%）	电气识图、设备运行、安装、调试与维护				
	电气产品生产现场的设备操作、产品测试和生产管理				
职业能力（20%）	电气识图、设备运行、安装、调试与维护				
	电气产品生产现场的设备操作、产品测试和生产管理				
方法能力（20%）	独立学习能力、获取新知识能力				
	决策能力制定、实施工作计划的能力				
社会能力（10%）	公共关系处理能力劳动组织能力				
	集体意识、质量意识、环保意识、社会责任心				

知识拓展

一、电流、电压继电器

继电器是一种根据输入信号(电量或非电量)的变化,接通或断开小电流电路,实现自动控制和保护电力拖动装置的电器。一般情况下不直接控制电流较大的主电路,而是通过接触器或其他电器对主电路进行控制。同接触器相比,继电器具有触点分断能力小、结构简单、体积小、重量轻、反应灵敏、动作准确、工作可靠等特点。

继电器主要由感测机构、中间机构和执行机构三部分组成。感测机构把感测到的电量或非电量传递给中间机构,并将它与预定值(整定值)相比较,当达到预定值(过量或欠量)时,中间机构便使执行机构动作,从而接通或断开电路。

继电器的分类方法有多种,按输入信号的性质可分为:电压继电器、电流继电器、速度继电器、压力继电器等。按工作原理可分为:电磁式继电器、电动式继电器、感应式继电器、晶体管式继电器和热继电器等。按输出方式可分为:有触点式继电器和无触点式继电器。下面介绍几种在电力拖动系统中常用的继电器。

1. 电流继电器

反映输入量为电流的继电器称为电流继电器。使用时,电流继电器的线圈串联在被测电路中,根据通过线圈电流值的大小而动作。为了使串入电流继电器线圈后不影响电路正常工作,电流继电器线圈的匝数要少,导线要粗,阻抗要小。

电流继电器分为过电流继电器和欠电流继电器两种。

1) 过电流继电器

当继电器中的电流超过预定值时,引起开关电器有延时或无延时动作的继电器称为过电流继电器。它主要用于频繁启动和重载启动的场合,作为电动机和主电路的过载和短路保护。

(1) 常用过电流继电器的型号及含义。常用的过电流继电器有 JT4 系列交流通用继电器和 JL14 系列交直流通用继电器,其型号及含义如图 1-93 所示。

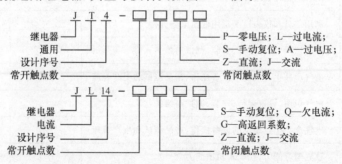

图 1-93　常用的过电流继电器的型号及含义

(2) 常用过电流继电器的结构及工作原理。JT4 系列过电流继电器的外形和结构如图 1-94所示。它主要由线圈、圆柱形静铁心、衔铁、触点系统和反作用弹簧等组成。

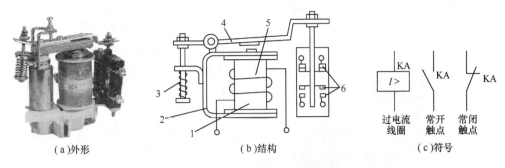

（a）外形　　　　　　　　（b）结构　　　　　　　（c）符号

图 1-94　JT4 系列过电流继电器

1—铁心；2—磁轭；3—反作用弹簧；4—衔铁；5—线圈；6—触点

当线圈通过的电流为额定值时，它所产生的电磁吸力不足以克服反作用弹簧的反作用力，此时衔铁不动作。当线圈通过的电流超过整定值时，电磁吸力大于弹簧的反作用力，铁心吸引衔铁动作，带动常闭触点断开，常开触点闭合。调整反作用弹簧的作用力，可整定继电器的动作电流值。该系列中有的过电流继电器带有手动复位机构，这类继电器过电流动作后，当电流再减小甚至到零时，衔铁也不能自动复位。只有当操作人员检查并排除故障后，手动松掉锁扣机构，衔铁才能在复位弹簧作用下返回，从而避免重复过电流事故的发生。

JT4 系列为交流通用继电器，在这种继电器的磁系统上装设不同的线圈，便可制成过电流、欠电流、过电压或欠电压等继电器。

常用的过电流继电器还有 JL14 等系列。JL14 系列是一种交直流通用的新系列电流继电器，可取代 JT4-L 和 JT4-S 系列。其结构与工作原理与 JT4 系列相似。主要结构部分交直流通用，区别仅在于：交流继电器的铁心上开有槽，以减少涡流损耗。

JT4 和 JL14 系列都是瞬动型过电流继电器，主要用于电动机的短路保护。生产中还用到一种具有过载和启动延时、过流迅速动作保护特性的过电流继电器，如 JL12 系列，其外形和结构如图 1-95 所示。它主要由螺管式电磁系统（包括线圈、磁轭、动铁心、封帽、封口塞等）、阻尼系统（包括导管、硅油阻尼剂和动铁心中的钢珠）和触点（微动开关）等组成。当通过继电器线圈的电流超过整定值时，导管中的动铁心受到电磁力作用开始上升，而当铁心上升时，钢珠关闭油孔，使铁心的上升受到阻尼作用，铁心须经过一段时间的延迟后才能推动顶杆，使微动开关的常闭触点分断，切断控制回路，使电动机得到保护。触点延时动作的时间由继电器下端封帽内装有的调节螺钉调节。当故障消除后，动铁心因重力作用返回原来位置。这种过电流继电器从线圈过电流到触点动作须延迟一段时间，从而防止了在电动机启动过程中继电器发生误动作。

过电流继电器在电路图中的符号如图 1-94(c)所示。

（3）参数选择：

① 过电流继电器的额定电流一般可按电动机长期工作的额定电流来选择。对于频繁启动的电动机，考虑到启动电流在继电器中的热效应，额定电流可选大一个等级。

② 过电流继电器的触点种类、数量、额定电流及复位方式应满足控制电路的要求。

③ 过电流继电器的整定值一般为电动机额定电流的 1.7～2 倍，频繁启动场合可取 2.25～2.5 倍。

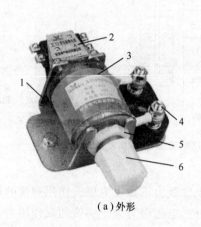

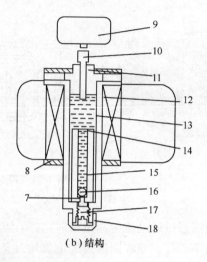

(a)外形　　　　　　　(b)结构

图 1-95　JL12 系列过电流继电器

1、8—磁轭；2、9—微动开关；3、12—线圈；4—接线桩；5—紧固螺母；6、18—封帽；7—油孔；

10—顶杆；11—封口塞；13—硅油；14—导管(即油杯)15—动铁心；16—钢珠；17—调节螺钉

（4）安装与使用：

① 安装前应检查继电器的额定电流及整定值是否与实际使用要求相符。继电器的动作部分是否动作灵活、可靠。外罩及壳体是否有损坏或缺件等情况。

② 安装后应在触点不通电的情况下，使吸引线圈通电操作几次，看继电器动作是否可靠。

③ 定期检查继电器各零部件是否有松动及损坏现象，并保持触点的清洁。

过电流继电器的常见故障及处理方法与接触器相似。

2）欠电流继电器

当通过继电器的电流减小到低于其整定值时动作的继电器称为欠电流继电器。在线圈电流正常时这种继电器的衔铁与铁心是吸合的。它常用于直流电动机励磁电路和电磁吸盘的弱磁保护。

常用的欠电流继电器有 JL14-Q 等系列产品，其结构与工作原理和 JT4 系列继电器相似。这种继电器的动作电流为线圈额定电流的 $30\%\sim65\%$，释放电流为线圈额定电流的 $10\%\sim20\%$。因此，当通过欠电流继电器线圈的电流降低到额定电流的 $10\%\sim20\%$ 时，继电器即释放复位，其常开触点断开，常闭触点闭合，给出控制信号，使控制电路作出相应的反应。

欠电流继电器在电路图中的符号如图 1-96 所示。

KA　　　　KA　　　　KA

$I<$

欠电流线圈　常开触点　常闭触点

图 1-96　欠电流继电器图形符号

2. 电压继电器

反映输入量为电压的继电器称为电压继电器。使用时电压继电器的线圈并联在被测量的电路中，根据线圈两端电压的大小而接通或断开电路。因此，这种继电器线圈的导线细、匝数多、阻抗大。

根据实际应用的要求，电压继电器分为过电压继电器、欠电压继电器和零电压继电器。过电压继电器是当电压大于其整定值时动作的电压继电器，主要用于对电路或设备作过电压保护,常用的过电压继电器为 JT4-A 系列,其动作电压可在 105%～120%额定电压范围内调整。欠电压继电器是当电压降至某一规定范围时动作的电压继电器;零电压继电器是欠电压继电器的一种特殊形式,是当继电器的端电压降至或接近消失时才动作的电压继电器。可见,欠电压继电器和零电压继电器在电路正常工作时,铁心与衔铁是吸合的,当电压降至低于整定值时,衔铁释放,带动触点动作,对电路实现欠电压或零电压保护。常用的欠电压继电器和零电压继电器有 JT4-P 系列,欠电压继电器的释放电压可在 40%～70%额定电压范围内调整,零电压继电器的释放电压可在 10%～35%额定电压范围内调整。

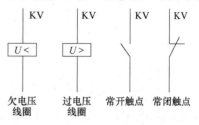

图 1-97　电压继电器的图形符号

电压继电器的选择,主要依据继电器的线圈额定电压、触点的数目和种类进行。

电压继电器在电路图中的符号如图 1-97 所示。

二、延边三角形减压启动控制电路

前面介绍的星形-三角形减压启动,可以在不增加专用启动设备的情况下实现减压启动,不足的是启动转矩太小,只为额定电压下启动转矩的 1/3。如果要求兼取星形连接启动电流小、三角形连接启动转矩大的优点,则可以采用延边三角形减压启动。

延边三角形减压启动适用于定子绕组特别设计的电动机。这种电动机的定子每相绕组有 3 个端子,整个定子绕组共有 9 个出线端,其端子的连接方式如图 1-98 所示。

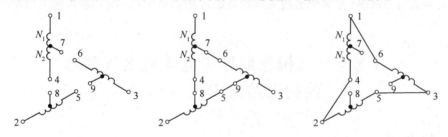

图 1-98　延边三角形-三角形端子的连接方式

启动时,将电动机定子绕组接成延边三角形,启动结束后,再换成三角形接法,转入全压运行。控制电路如图 1-99 所示。

Q 为电源开关,SB1 为停止按钮,SB2 为启动按钮,KMY 为延边三角形连接接触器,KM 为电路接触器,KM△为三角形连接接触器,KT 为时间继电器。

电路工作原理:

合上电源开关 Q,按下启动按钮 SB2,KM 线圈得电并自锁,KM 主触点闭合,电动机定子绕组端子 1、2、3 接电源;KMY 线圈得电,KMY 主触点闭合,电动机绕组端子 4、5、6 与端子 8、9、7 相接,电动机接成延边三角形减压启动;KT 线圈得电,延时后,延时断开常闭触点(4-5)断开,KMY 线圈失电,延时闭合常开触点(3-7)闭合,KM△线圈得电,KM△主触点闭合,电动机绕组端子 1-6、2-4、3-5 连接成三角形,电动机全压运行。

停止时,按下 SB1,KM、KM△线圈失电,电动机失电停止。

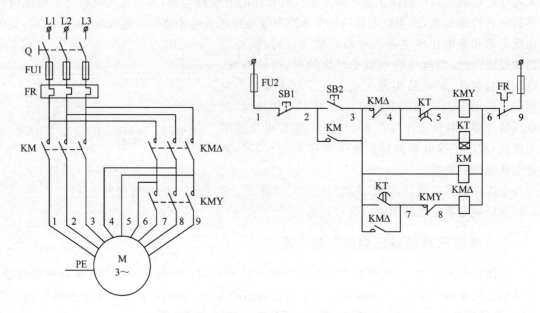

图 1-99　延边三角形减压启动控制电路

延边三角形减压启动,其启动转矩大于 Y-△降压启动,不需要专门的启动设备,电路结构简单,但电动机引出线多(有 9 个出线头),制造难度相对要大些,在一定程度上限制了它的使用范围。

任务5　三相笼形异步电动机电气制动控制电路的安装与调试

任务描述

（1）能够根据任务要求选择和维护低压电器元件。
（2）能够分析电动机电气制动的条件。
（3）设计电动机电气制动控制电路。
（4）能够根据电路图、仪表和工具对出现的常见故障进行分析和维护。

任务分析

本任务的内容主要包括以下几方面:
（1）选择电气控制电路所需的低压电器元件。
（2）分析各种电气制动的原理。
（3）分析、拟定电气制动控制电路。
（4）安装、调试电路。

知识准备

一、速度继电器

速度继电器是反映转速和转向的继电器,其主要作用是以旋转速度的快慢为指令信号,与接触器配合实现对电动机的反接制动控制,故又称为反接制动继电器。常用的速度继电器有JY1 型和 JMP-S2 型电子速度继电器,其外形如图 1-100 所示。

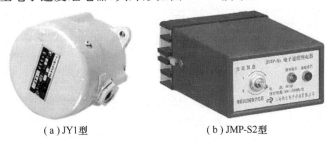

(a) JY1型　　　　　　　(b) JMP-S2型

图 1-100　速度继电器的外形

1. 速度继电器的型号及含义(见图 1-101)

图 1-101　速度继电器的型号及含义

2. 速度继电器的结构及工作原理

JY1 型速度继电器的结构和符号如图 1-102 所示。它主要由定子、转子、可动支架、触点系统及端盖等部分组成。转子由永久磁铁制成,固定在转轴上;定子由硅钢片叠成并装有笼形短路绕组,能作小范围偏转;触点系统由两组转换触点组成,一组在转子正转时动作;另一组在转子反转时动作。

速度继电器的工作原理:当电动机旋转时,带动与电动机同轴连接的速度继电器的转子旋转,相当于在空间产生一个旋转磁场,从而在定子笼形短路绕组中产生感应电流,感应电流与永久磁铁的旋转磁场相互作用,产生电磁转矩,使定子随永久磁铁转动的方向偏转,与定子相连的胶木摆杆也随之偏转。当定子偏转到一定角度时,胶木摆杆推动簧片,使继电器的触点动作。

当转子转速减小到接近零时,由于定子的电磁转矩减小,胶木摆杆恢复原状态,触点随即复位。速度继电器的动作转速一般不低于 100～300 r/min,复位转速约在 100 r/min 以下。常用的速度继电器中,JY1 型能在 3000 r/min 以下可靠的工作,额定工作转速有 300～1000r/min 和 1000～3600 r/min 两种。

速度继电器在电路图中的符号如图 1-103(b)所示。

3. 速度继电器的安装与使用

(1) 速度继电器的转轴应与电动机同轴连接,使两轴的中心线重合。速度继电器的轴可

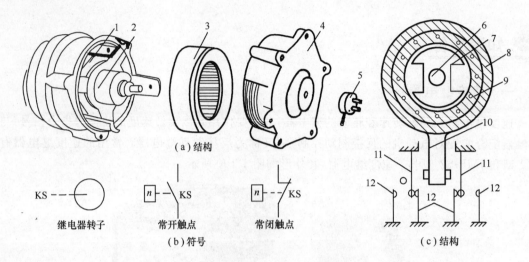

（a）结构

KS ---○　继电器转子

n ----/ KS　常开触点

n ----/ KS　常闭触点

（b）符号

（c）结构

图 1-102　JY1 型速度继电器

1—可动支架；2—转子；3—定子；4—端盖；5—连接头；6—电动机轴；7—转子（永久磁铁）；
8—定子；9—定子绕组；10—胶木摆杆；11—簧片（动触点）；12—静触点

用联轴器与电动机的轴连接，如图 1-103 所示。

（2）速度继电器安装接线时，应注意正反向触点不能接错，否则不能实现反接制动控制。

（3）速度继电器的金属外壳应可靠接地。

二、三相笼形异步电动机电气制动控制电路

三相笼形异步电动机从切除电源到完全停止，由于机械惯性，总需要经过一定的时间，这往往不能满足生产机械要求迅速停车的要求，也影响生产率的提高。因此，应对电动机进行制动控制，制动控制的方法有机械制动和电气制动。所谓机械制动是用机械装置产生机械力来强迫电动机迅速停车；电气制动是

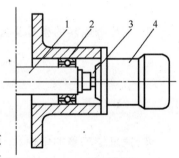

图 1-103　速度继电器的安装

1—电动机轴；2—电动机轴承；
3—连轴器；4—速度继电器

使电动机的电磁转矩方向与电动机旋转方向相反，起制动作用。电气制动有反接制动、能耗制动、再生制动，以及派生的电容制动等。这些制动方法各有特点，适用不同的场合，本部分介绍几种典型的制动控制电路。

1. 反接制动控制电路

三相感应电动机反接制动有两种情况：一种是在负载转矩作用下使正转接线的电动机出现反转的倒拉反接制动，这一制动不能实现电动机转速为零。另一种是电源反接制动，使电动机转速迅速下降。当电动机转速接近零时应迅速切断三相电源，否则电动机将反向启动。另外，反接制动时，制动电流相当于电动机全压启动时启动电流的 2 倍。一般应在电动机定子电路中串入反接制动电阻。反接制动电阻的接法有对称接法与不对称接法两种。

1）电动机单向运转反接制动控制电路

如果正常运行时电动机三相电源的相序突然改变，即电源反接，这就改变了旋转磁场的方向，产生一个反向的电磁转矩，在转速下降接近于零时，迅速将三相电源切除，以免引起反向启

动。电源反接的制动方式又分为单向反接制动和双向反接制动。为此采用速度继电器来检测电动机的转速变化,并将速度继电器调整在 $n > 130$ r/min 时速度继电器触点动作,而当 $n < 100$ r/min 时,触点复位。

图 1-104 为电动机单向旋转反接制动控制电路。图中 KS 为速度继电器,和电动机同轴安装,R 为制动电阻。KM1 为电动机正常运行时的接触器,KM2 为电动机制动时将电动机电源反接时的接触器。

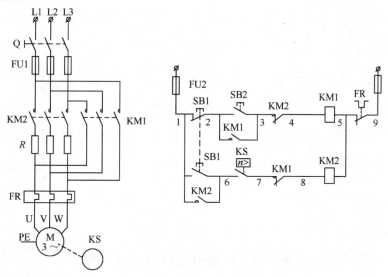

图 1-104　电动机单向旋转反接制动控制电路

电路工作原理:

合上电源开关 Q,按下启动按钮 SB2,接触器 KM1 线圈得电,KM1 的常开触点(2-3)闭合并自锁,电动机正常运行,速度继电器 KS 的常开触点(6-7)闭合,为制动做准备;当按下停止按钮 SB1 时,接触器 KM1 线圈失电,同时 KM2 线圈得电并自锁,电动机电源反接,反向磁场产生一个制动转矩,电动机的转速迅速降低,当转速低于 100 r/min 时,速度继电器的常开触点(6-7)断开,接触器 KM2 线圈失电,反接制动完成,电动机停止运行。

由于反接制动时电流很大,因此笼形电动机常在定子电路中串接电阻;绕线式电动机则在转子电路中串接电阻。反接制动时的控制可以不用速度继电器,而改用时间继电器。如何控制,读者可以自己思考。

2) 电动机可逆运行反接制动电路

图 1-105 为电动机可逆运行反接制动电路。图中 KM1、KM2 为电动机正反转接触器,KM3 为短接制动电阻接触器,KA1、KA2、KA3 为中间继电器,KS 为速度继电器,其中,KS-1 为正转触点,KS-2 为反转触点,R 为反接制动电阻。电阻 R 具有限制启动电流和反接制动电流的双重作用;停车制动时必须将停止按钮 SB1 按到底,否则将无反接制动效果。

电路图工作原理:

合上电源开关 Q,按下正转启动按钮 SB2,控制正转的接触器 KM1 线圈得电并自锁,电动机定子串入电阻 R,电动机正向减压启动,当电动机转速 $n > 130$ r/min 时,速度继电器动作,

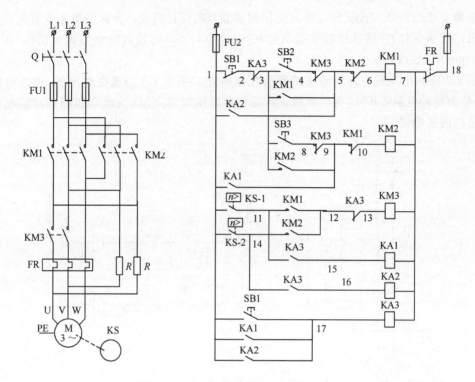

图 1-105　电动机可逆运行反接制动电路

其正转触点 KS-1(1-11) 闭合,使 KM3 线圈得电,短接电阻,电动机在全压下正转运行。

当电动机在正转运行状态下须停车时,按下停止按钮 SB1,其常闭触点(1-2)断开,KM1、KM3 线圈相继失电释放,电动机正向电源切断,接入电阻 R。当 SB1 按钮的常开触点(1-17)闭合时,KA3 线圈得电,KA3 的常闭触点(12-13)再次切断 KM3 电路,确保 KM3 线圈处于失电状态,保证反接制动电阻的接入;KA3 另一常开触点(11-15)闭合,由于此时电动机因惯性转速仍大于速度继电器的释放值,触点 KS-1(1-11)仍处于闭合状态,从而使 KA1 线圈经 KS-1 触点(1-11)得电吸合,KA1 的常开触点(1-17))闭合,确保停止按钮 SB1 松开后 KA3 线圈仍保持得电状态,KA1 的另一常开触点(1-9)闭合,又使 KM2 线圈得电。电动机定子串入反接制动电阻,电动机电源相序反接,实现反接制动,使电动机转速迅速下降,当电动机转速低于 100 r/min 时,速度继电器释放,触点 KS-1(1-11)复位,KA1、KA3、KM2 线圈相继失电,反接制动结束,电动机停止。

电动机反向启动和反接制动停车时 ,控制电路工作情况与上述情况相似,读者可自行分析。

电动机反接制动效果与速度继电器触点反力弹簧调整的松紧程度有关。当反力弹簧调得过紧时,过早切断反接制动电路,使反接制动效果明显减弱;若反力弹簧调得过松,则速度继电器触点断开过于迟缓,使电动机制动停止后将出现短时反转现象。因此,必须适当调整速度继电器反力弹簧的松紧程度。

反接制动的优点是制动力矩大,制动效果好。但电动机在反接制动时旋转磁场的相对速度很大,对传动部件的冲击大,能量消耗也大,只适用于不经常启动、制动的设备,如铣床、镗床、中型车床主轴等。

2. 能耗制动控制电路

能耗制动是在运行中的电动机停车时,切断电源的同时,将一直流电源接入电动机定子绕组中的任意两相,以获得大小和方向不变的恒定磁场,从而产生一个与电动机实际旋转方向相反的制动转矩以实现制动。当电动机转速下降到零时,再切除直流电源。根据制动控制的原则,有时间继电器控制与速度继电器控制两种形式。

1)按速度原则控制的电动机单向运行能耗制动电路

图 1-106 为电动机单向旋转能耗制动控制电路。图中 KS 为速度继电器,和电动机同轴安装,RP 为制动电阻。KM1 为电动机正常运行时的接触器,KM2 为电动机制动时将电动机电源反接时的接触器。

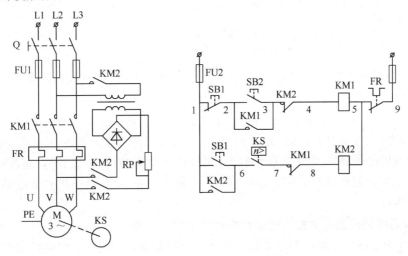

图 1-106　按速度原则控制电动机单向旋转能耗制动电路

电路工作原理:

合上电源开关 Q,按下启动按钮 SB2,接触器 KM1 线圈得电,KM1 主触点闭合,电动机正常运行,同时 KM1 的常开触点(2-3)闭合并自锁,速度继电器 KS 的常开触点(6-7)闭合,为能耗制动做准备。

当按下停止按钮 SB1 时,接触器 KM1 线圈失电,KM1 主触点断开,电动机失电,同时 KM1 互锁触点(7-8)复位,电动机由于惯性仍在旋转,速度继电器 KS 常开触点(6-7)仍在闭合,KM2 线圈得电并自锁,KM2 主触点闭合,电动机通入直流电,进行能耗制动。当电动机的转速接近零时,速度继电器 KS 的常开触点(6-7)复位,KM2 失电释放,电动机制动结束停止运行。

2)按时间原则控制电动机单向运行能耗制动控制电路

图 1-107 为按时间原则控制电动机单向运行能耗制动控制电路。图中整流装置由变压器和整流元件组成,提供制动用整流直流电。KM2 为制动用接触器,KT 为时间继电器,控制制动时间的长短。SB2 为启动按钮,SB1 为停止按钮。

电路工作原理:

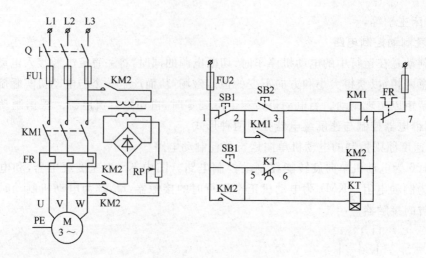

图 1-107　按电动机单相运行时间原则控制直流制动电路

　　启动时,合上电源开关 Q 接通电源,按下启动按钮 SB2,KM1 线圈得电并自锁,KM1 主触点闭合,电动机 M 启动运行。

　　停止时,按下停止按钮 SB1,SB1 的常闭触点(1-2)断开,KM1 线圈失电,KM1 主触点断开,电动机失电,惯性运转;SB1 的常开触点(1-5)闭合,KM2 线圈得电,KM2 主触点闭合,直流电通入电动机定子绕组,电动机能耗制动;同时,KT 线圈得电,开始延时,延时时间到达后,KT 常闭触点(5-6)断开,KM2 线圈失电,KM2 主触点断开,切断电动机直流电源,制动结束,电动机停止运行。

　　3) 按时间原则控制电动机可逆运行能耗制动控制电路

　　图 1-108 为按时间原则控制电动机可逆运行能耗制动控制电路。图中接触器 KM1、KM2 分别控制电动机的正反转。SB2 为正转启动按钮,SB3 为反转启动按钮,SB1 为停止按钮。

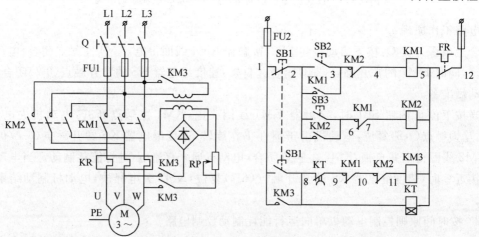

图 1-108　按电动机可逆运行时间原则控制直流制动电路

电路工作原理:

　　合上电源开关 Q,按下正转启动按钮 SB2,控制正转的接触器 KM1 线圈得电并自锁,电动机正转运行。停止时,其制动过程如下:按下停止按钮 SB1,SB1 的常闭触点(1-2)断开,KM1 线圈失电其主触点失电释放,切断电动机电源;SB1 常开触点(1-8)闭合,KM3 线圈得电并自锁,KM3 主触点闭合,电动机定子绕组通入直流电,对电动机进行正向能耗制动;同时 KT 线圈得电,开始延时,当电动机转速接近零时,KT 延时断开的常闭触点(8-9)断开,KM3、KT 相继失电释放,电动机制动结束。

电动机处于反向运行过程时的能耗制动过程与正向运行时类同,请读者自行分析。

时间原则控制的能耗制动,一般适用于负载转矩和负载转速较为稳定的电动机,这样对时间继电器的调整值比较固定。而对于那些能够通过传动系统来实现负载速度变换的生产机械,采用速度原则控制较为合适。

任务实施

1. 准备工作——电路安装

(1)认真读图,熟悉所用电器元件及其作用,配齐电路所用元件,进行检查。

(2)准备工具,测电笔、尖嘴钳、剥线钳、电工刀、兆欧表等及导线若干。

(3)元器件的技术数据(如型号、规格、额定电压、额定电流),应完整并符合要求,外观无损伤,备件、附件齐全完好。

(4)用万用表检查电磁线圈的通断情况以及各触点的分合情况。

(5)交流接触器的电磁结构动作是否灵活,有无衔铁卡阻等不正常现象,线圈额定电压与电源电压是否一致。

(6)对电动机的质量进行常规检查。

2. 安装步骤和工艺要求

(1)识读点动控制电路(见图 1-107),明确电路所用电器元件及作用,熟悉电路工作原理。

(2)将所用电器元件贴上醒目标号。

(3)按生产工艺要求安装电路。

(4)将三相电源接入控制开关,经教师检查合格后进行通电试车。

3. 注意事项

(1)接线时,必须先接负载端,后接电源端;先接接地线,后接三相电源线。

(2)通电试车时,必须先空载后再运行;当运行正常时再接上负载运行;若发现异常情况应立即断电检查。

想一想,做一做

(1)三相异步电动机几种制动方法各适用于什么场合?

(2)分析能耗制动控制电路。

任务评估

姓名			学号		总成绩		
考核项目	考核点			考核人			得分
				教师	队友		
个人素质考核（15%）	学习态度与自主学习能力						
	团队合作能力						
电器元件基础知识（10%）	结合电路正确选择低压电器元件						
	利用工具和仪表检测常用低压电器元件						
实践操作能力（25%）	电气识图、设备运行、安装、调试与维护						
	电气产品生产现场的设备操作、产品测试和生产管理						
职业能力（20%）	电气识图、设备运行、安装、调试与维护						
	电气产品生产现场的设备操作、产品测试和生产管理						
方法能力（20%）	独立学习能力、获取新知识能力						
	决策能力制定、实施工作计划的能力						
社会能力（10%）	公共关系处理能力劳动组织能力						
	集体意识、质量意识、环保意识、社会责任心						

知识拓展

一、无变压器的单管直流制动电路

上述能耗制动控制电路均需要变压器降压、全波整流，其制动效果较好，对于功率较大的电动机则应采用三相整流电路，所需设备多，投资成本高。而对于 10 kW 以下的电动机，在制动要求不高的场合，为减少设备，降低成本，减小体积，可采用无变压器的单管能耗制动。

图 1-109 为无变压器单管能耗制动电路。

电路工作原理：

启动时，合上电源开关 Q 接通电源，按下启动按钮 SB2，KM1 线圈得电并自锁，KM1 主触点闭合，电动机 M 启动运行；KM1 常闭辅助触点（7-8）断开，使 KM2 线圈不得电。

制动时，按下停止按钮 SB1，SB1 的常闭触点（1-2）断开，KM1 线圈失电，KM1 主触点断开，电动机失电，惯性运转；SB1 的常开辅助触点（1-6）闭合，KM1 辅助触点（7-8）复位，KM2 线圈得电并自锁，KM2 主触点闭合，直流电通入电动机定子绕组，电动机能耗制动；同时，KT 线圈得电，延时，KT 延时断开的常闭触点（6-7）断开，KM2、KT 线圈先后失电释放，KM2 主触点断开，切断电动机直流电源，制动结束。

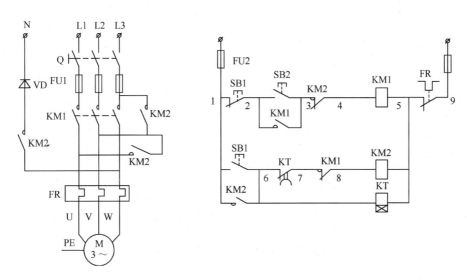

图 1-109　无变压器单管能耗制动电路

　　能耗制动的实质是把电动机转子储存的机械能转变为电能,又消耗在转子的制动上。显然,制动作用的强弱与通入直流电的大小和电动机的转速有关。调节电阻 RP(见图 1-106、图 1-107、图 1-108),可以调节制动电流的大小,从而调节制动强度。相对于反接制动,它的制动准确、平稳,消耗的能量少,其制动电流也比反接制动时小得多,但需增加一套整流装置。一般来说,能耗制动适用于容量较大电动机,对制动要求较高和起制动频繁的场合,如磨床、龙门刨床等机床的控制电路中。

二、电容制动和双流制动控制电路

1. 电容制动

　　电容器制动又称电容制动,其主电路如图 1-110 所示。接触器 KM 断开电源后,电动机接线端通过电容器而成闭合状态。电动机在降速过程中,电容器产生的自励电流建立一个磁场,这个磁场与转子感应电流相作用,产生一个与旋转方向相反的制动转矩。紧接着 KM 常闭触点恢复闭合,电动机定子绕组进行短接,实现短接制动。所以,这种制动又可称为电容-短接制动,多用于 10 kW 以下的小容量电动机。

2. 双流制动

　　双流制动主电路如图 1-111 所示,由运行转入制动时,KM2 使电动机反相序接上电源,并串入整流二极管,由运行转入制动时,由于二极管的整流作用,其交流成分产生反接制动转矩,其直流成分产生直流制动转矩,故称为双流制动,亦称为混合制动。因此,双流制动既避免了能耗制动力量不足,又避免了反接制动不能准确停车的缺点。

　　双流制动使电动机迅速制动,进入反相低速稳定运行,其低速约为电动机同步转速的 1%~2%,可在适当时间切断 KM2 进行准确定位。

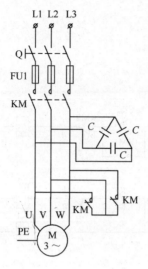

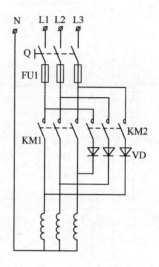

<table>
<tr><td>图 1-110　电容制动主电路</td><td>图 1-111　双流制动主电路</td></tr>
</table>

任务 6　三相笼形异步电动机调速控制电路安装与调试

任务描述

（1）能够根据任务要求选择和维护低压电器元件。

（2）能够分析电动机电气制动的条件。

（3）设计电动机电气制动控制电路。

（4）能够根据电路图、仪表和工具对出现的常见故障进行分析和维护。

任务分析

本任务内容主要包括以下方面：

（1）选择电气控制电路所需的低压电器元件；

（2）分析各种电气制动的原理；

（3）分析、拟定电气制动控制电路；

（4）安装、调试电路。

知识准备

由三相感应电动机的转速 $n=\dfrac{60f_1}{p}(1-s)$ 可知,感应电动机的调速方法主要有:改变定子绕组的连接方式的变极调速、变转差率及变频调速 3 种。其中,变极调速一般仅适用于笼形异步电动机;变转差率调速可通过调节定子电压、改变转子电路中串联的电阻以及采用串级调速和电磁转差离合器调速等来实现;变频调速是现代电力传动的一个主要发展方向,是通过变频器改变电源频率来实现转速的调整。本课题对变极调速和电磁转差离合器控制电路进行分析。

一、变极调速控制电路

在一些机床中,为了获得较宽的调速范围,采用了双速电动机,如 T68 型卧式镗床的主轴电动机,在某些车床、铣床、磨床中也有应用。也有的机床选用三速、四速电动机,来获得更宽的调速范围,其原理和控制方法基本相同。这里以双速异步电动机为例进行分析。

采用变极调速,原则上对笼形感应电动机与绕线转子感应电动机都适用,但对绕线转子感应电动机,要改变转子磁极对数以与定子磁极一致,其结构相当复杂,故一般不采用。而笼形感应电动机转子极对数具有自动与定子极对数相等的能力,因而只要改变定子极对数即可,所以变极调速仅适用于三相笼形感应电动机。

1. 双速异步电动机定子绕组的连接方法

双速异步电动机三相定子绕组的接线方法常用的有 Y-YY 与△-YY 变换,它们都是改变各相的一半绕组的电流方向来实现变极的。△-YY 变换具有近似恒功率调速性质;Y-YY 变换具有近似恒转矩调速性质。

图 1-112 为△-YY 变换时的三相绕组接线图。

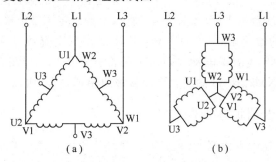

图 1-112　△-YY 反转向方案变极调速电动机接线方法

其中图 1-112(a)为三角型(四极、低速)连接,图 1-112(b)为双星形(二级、高速)连接。转速的改变是通过改变定子绕组的连接方式,从而改变磁极对数来实现的,故称为变极调速。

需要指出,在图 1-112 中,图 1-112(a)的 L1、L2、L3 分别与 U1、V1、W1 相连接,图 1-112(b)的 L1、L2、L3 分别与 V3、U3、W3 相连接,实现电动机在低速和高速时的相同转向,即称为同转向原则接线。

2. 用时间继电器控制的双速电动机高、低速控制电路

图 1-113 为双速电动机变极调速控制电路。图中 KM1 为电动机三角形连接接触器,对应低速挡;KM2、KM3 为电动机双星形连接接触器,对应高速挡;KT 为电动机低速转换高速时间继电器,SA 为高、低速选择开关,其有 3 个位置,"上"为低速,"下"为高速,"中间"为停止。为了避免"高速"挡启动电流对电网的冲击,本电路在"高速"挡时,先以"低速"启动,待电流回落后,再自动切换到"高速"挡。

电路工作原理:

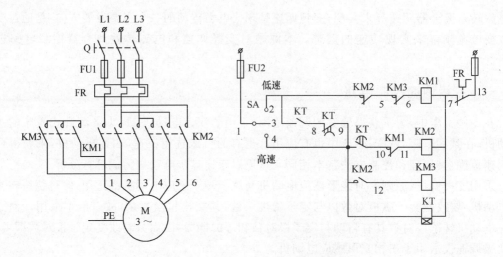

图 1-113　双速电动机变极调速控制电路

启动时,合上电源开关 Q 接通电源。SA 是具有 3 个挡位的转换开关。当扳到中间位置 (1-3)时,为停止位,电动机不工作;当扳到"低速"挡位位置(1-2)时,接触器 KM1 线圈得电,主触点闭合,电动机定子绕组的 3 个出线端 U1、V1、W1 与电源相接,定子绕组接成三角形,电动机低速运转;当扳到"高速"挡位位置(1-4)时,时间继电器 KT 线圈首先得电动作,其 KT 的瞬动常开触点(2-8)闭合,接触器 KM1 线圈得电动作,电动机定子绕组接成三角形低速启动。经过延时,KT 延时断开的常闭触点(8-9)断开,KM1 线圈失电释放,KT 延时闭合的常开触点 (9-10)闭合,接触器 KM2 线圈得电动作,KM2 的常开触点(9-12)闭合,KM3 线圈也得电动作,电动机定子绕组被 KM2、KM3 的主触点换接成双星形,电动机以高速运行。

二、电磁滑差离合器调速控制电路

变极调速不能实现连续平滑调速,只能得到几种待定的转速。但是在很多机械中,要求转速能够连续无级调节,并且有较大的调速范围。这里对应用较多的电磁转差离合器调速系统进行分析。

1. 电磁转差离合器的结构及工作原理

电磁转差离合器调速系统是在普通异步电动机轴上安装一个电磁转差离合器,由晶闸管控制装置控制离合器绕组的励磁电流来实现调速的。异步电动机本身并不调速,调节的是离合器的输出转速。电磁转差离合器(又称滑差离合器)的基本原理就是基于电磁感应原理,实际上就是一台感应电动机,其结构如图 1-114 所示。

图 1-114(a)为电磁转差离合器的结构图,它由电枢和磁极两个旋转部分组成,两者无机械联系,都可自由旋转。电枢由电动机带动,称为主动部分;磁极用联轴节与负载相联,称为从动部分。电枢用铸钢材料制成圆筒形,相当于无数根鼠笼条并联,直接与异步电动机相连,一起转动或停止。

当励磁绕组通以直流电,电枢为电动机所拖动以恒速定向旋转时,在电枢中感应产生涡流,涡流与磁极的磁场作用产生电磁力,形成的电磁转矩使磁极跟着电枢同方向旋转。

由上可知,当励磁电流为零时,磁极不会跟随电枢转动,这就相当于电枢与磁极"离开";一

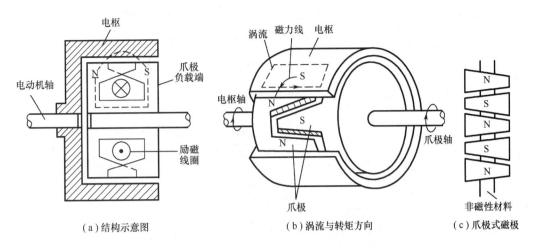

（a）结构示意图　　　　　（b）涡流与转矩方向　　　　　（c）爪极式磁极

图 1-114　爪极式转差离合器结构示意图

且磁极加上励磁电流，磁极即刻转动，相当于磁极与电枢"合上"，因此称为"离合器"。又因它是基于电磁感应原理工作的，而且磁极与电枢之间一定要有转差才能产生涡流与电磁转矩，因此称为"电磁转差离合器"。又因其工作原理与三相感应电动机相似，所以，又常将它连同拖动它的三相感应电动机统称为"滑差电动机"。

电磁转差离合器的结构形式有多种，目前我国应用较多的是磁极为爪极的形式，如图 1-114（c）所示。当绕组中通有励磁电流时，磁通则由左端爪极经气隙进入电枢，再由电枢经气隙回到右端爪极形成回路。由于爪极与电枢间的气隙远小于左、右两端爪极之间的气隙，因此 N 极与 S 极之间不会被短路。

转差离合器从动部分的转速与励磁电流的强弱有关。励磁电流越大，建立的磁场越强，在一定的转差下产生的转矩越大，输出的转矩越高。因此，调节转差离合器的励磁电流，就可以调节转差离合器的输出转速。由于输出轴的转向与电枢转向一致，要改变输出轴的转向，必须改变异步电动机的转向。

电磁转差离合器调速系统的优点是结构简单、维护方便、运行可靠，能平滑调速，采用闭环调速系统可扩大调速范围。缺点是调速效率低，在低速时尤为突出，不宜长期低速运行，且控制功率小。由于其机械特性较软，不能直接用于速度要求比较稳定的工作机械上，必须在系统中接入速度负反馈，使转速保持稳定。

2. 电磁调速异步电动机的控制

电磁调速异步电动机的控制电路如图 1-115 所示。VC 为晶闸管控制器，其作用是将单相交流电变换成可调直流电，供转差离合器调节输出转速。

电路工作原理：

合上电源开关 Q，按下启动按钮 SB2，接触器 KM 线圈得电并自锁，主触点闭合，电动机 M 运行。同时，接通晶闸管控制器 VC 电源，VC 向电磁转差离合器爪形磁极的励磁线圈提供励磁电流。由于离合器电枢与电动机 M 同轴连接，爪形磁极随电动机同向转动，调节电位器 RP，可改变转差离合器磁极的转速，从而调节拖动负载的转速。测速发电机 TG 与磁极连接，将输出转速的速度信号反馈到控制装置 VC，起到速度负反馈的作用，稳定转差离合器的输出

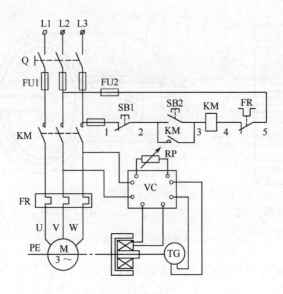

图 1-115　电磁调速异步电动机控制电路

转速。SB1 为停止按钮，按下 SB1，KM 线圈失电，电动机 M 和电磁转差离合器同时停止。

任务实施

1. 准备工作电路安装

（1）认真读图，熟悉所用电器元件及其作用，配齐电路所用元件，进行检查。

（2）准备工具，测电笔、尖嘴钳、剥线钳，电工刀、兆欧表等及导线若干。

（3）元器件的技术数据（如型号、规格、额定电压、额定电流），应完整并符合要求，外观无损伤，备件、附件齐全完好。

（4）用万用表检查电磁线圈的通断情况以及各触点的分合情况。

（5）交流接触器的电磁结构动作是否灵活，有无衔铁卡阻等不正常现象，线圈额定电压与电源电压是否一致。

（6）对电动机的质量进行常规检查。

2. 安装步骤和工艺要求

（1）识读点动控制电路（见图 1-113），明确电路所用电器元件及作用，熟悉电路工作原理。

（2）将所用电器元件贴上醒目标号。

（3）按生产工艺要求安装电路。

（4）将三相电源接入控制开关，经教师检查合格后进行通电试车。

3. 注意事项

（1）接线时，必须先接负载端，后接电源端；先接接地线，后接三相电源线。

（2）通电试车时，必须先空载后再运行；当运行正常时再接上负载运行；若发现异常情况应立即断电检查。

想一想, 做一做

(1) 简述三相异步电动机调速的基本原理。

(2) 分析电磁滑差离合器调速的控制电路。

任务评估

姓名		学号		总成绩	
考核项目	考核点	考核人			得分
		教师	队友		
个人素质考核(15%)	学习态度与自主学习能力				
	团队合作能力				
电器元件基础知识(10%)	结合电路正确选择低压电器元件				
	利用工具和仪表检测常用低压电器元件				
实践操作能力(25%)	电气识图、设备运行、安装、调试与维护				
	电气产品生产现场的设备操作、产品测试和生产管理				
职业能力(20%)	电气识图、设备运行、安装、调试与维护				
	电气产品生产现场的设备操作、产品测试和生产管理				
方法能力(20%)	独立学习能力、获取新知识能力				
	决策能力制定、实施工作计划的能力				
社会能力(10%)	公共关系处理能力劳动组织能力				
	集体意识、质量意识、环保意识、社会责任心				

　　电气控制系统在机械设备中起着神经中枢的作用。通过对电动机的控制,能拖动生产机械,实现各种运行状态达到加工生产的目的。不同的生产机械设备,或同类型的机床设备,由于各自的工作方式,工艺要求不同,其电气控制系统也不尽相同。本项目主要介绍典型机床车床、铣床、磨床、钻床、镗床和组合机床的电气电路,使学生对机床控制电路有一个全面的认识。通过本项目的学习,可使学生具有对机床控制电路的安装与维护能力,在本项目实施过程中逐步培养学生分析问题、解决实际问题的能力。

【学习目标】

1. 知识目标

(1) 了解典型机床的工作过程和结构组成。

(2) 掌握典型机床控制电路的工作原理。

(3) 熟悉典型机床的常见故障及处理方法。

2. 技能目标

(1) 具备典型机床的类型和结构特点的分析能力。

(2) 通过完成工作任务培养学生的电工基本技能等专业能力。

(3) 通过完成任务的过程培养学生计划、分析、自学等方法能力。

(4) 具备典型机床的操作使用能力。

(5) 具备对车床、钻床、铣床和磨床常见故障的分析判断与处理能力。

(6) 能分析镗床和组合机床的控制电路原理。

3. 情感目标

(1) 具有良好的思想政治素质和职业道德。

(2) 具有较强的计划、组织、协调和团队合作能力。

(3) 具有严格执行工作程序、工作规范、工艺文件和安全操作规程的能力。

(4) 具有安全文明生产的习惯,具有较强的口头与书面表达能力、人际沟通能力。

【教学资源配备】

(1) 典型机床车床、铣床、磨床、钻床、镗床和组合机床各两台。

(2) 典型机床控制电路若干。

(3) 低压电器元件。

(4) 电工实验操作台。

(5) 成套电工工具。

（6）电工测量仪器仪表。

【工作任务分析】

学习情境 2　典型机床电路安装与故障检修		
任务 1　CA6140 型卧式车床控制电路 安装与故障检修	建议学时：4 学时	难度系数：★★★
学习活动设计： （1）分组操作 CA6140 型卧式车床 （2）分组讨论 CA6140 型卧式车床控制电路 （3）各组叙述 CA6140 型卧式车床工作原理 （4）分组安装 CA6140 型卧式车床控制电路 （5）师生探讨 CA6140 型卧式车床控制电路典型故障处理 （6）师生共同总结故障处理的方法	技能点： （1）熟练操作 CA6140 型卧式车床 （2）明确各元件的具体位置 （3）确定 CA6140 型卧式车床使用低压电器元件的型号 （4）正确组装 CA6140 型卧式车床控制电路 （5）CA6140 型卧式车床控制电路调试与故障处理	
任务 2　Z3050 摇臂钻床控制电路 安装与故障检修	建议学时：6 学时	难度系数：★★★★
学习活动设计： （1）分组操作 Z3050 摇臂钻床 （2）分组讨论 Z3050 摇臂钻床控制电路 （3）各组叙述 Z3050 摇臂钻床工作原理 （4）分组安装 Z3050 摇臂钻床控制电路 （5）师生探讨 Z3050 摇臂钻床典型控制电路故障处理 （6）师生共同总结故障处理的方法	技能点： （1）熟练操作 Z3050 摇臂钻床 （2）明确各元件的具体位置 （3）确定 Z3050 摇臂钻床使用低压电器元件的型号 （4）正确组装 Z3050 摇臂钻床控制电路 （5）Z3050 摇臂钻床控制电路调试与故障处理	
任务 3　M7475B 型平面磨床控制电路 安装与故障检修	建议学时：6 学时	难度系数：★★★★
学习活动设计： （1）分组操作 M7475B 型平面磨床 （2）分组讨论 M7475B 型平面磨床控制电路 （3）各组叙述 M7475B 型平面磨床工作原理 （4）分组安装 M7475B 型平面磨床控制电路 （5）师生探讨 M7475B 型平面磨床控制电路故障处理 （6）师生共同总结故障处理的方法	技能点： （1）熟练操作 M7475B 型平面磨床 （2）明确各元件的具体位置 （3）确定 M7475B 型平面磨床使用低压电器元件的型号 （4）正确组装 M7475B 型平面磨床控制电路 （5）M7475B 型平面磨床控制电路调试与故障处理	
任务 4　M1432A 型万能外磨床控制电路 安装与故障检修	建议学时：4 学时	难度系数：★★★★
学习活动设计： （1）分组操作 M1432A 型万能外磨床 （2）分组讨论 M1432A 型万能外磨床控制电路 （3）各组叙述 M1432A 型万能外磨床工作原理 （4）分组安装 M1432A 型万能外磨床控制电路 （5）师生探讨 M1432A 型万能外磨床控制电路故障处理 （6）师生共同总结故障处理的方法	技能点： （1）熟练操作 M1432A 型万能外磨床 （2）明确各元件的具体位置 （3）确定 M1432A 型万能外磨床使用低压电器元件的型号 （4）正确组装 M1432A 型万能外磨床控制电路 （5）M1432A 型万能外磨床控制电路调试与故障处理	

学习情境 2　典型机床电路安装与故障检修		
任务 5　T68 卧式镗床控制电路安装与故障检修	建议学时：6 学时	难度系数：★★★★
学习活动设计： (1) 分组操作 T68 镗床 (2) 分组讨论 T68 镗床控制电路 (3) 各组叙述 T68 镗床工作原理 (4) 分组安装 T68 镗床控制电路 (5) 师生探讨 T68 镗床控制电路故障处理 (6) 师生共同总结故障处理的方法	技能点： (1) 熟练操作 T68 镗床 (2) 明确各元件的具体位置 (3) 确定 T68 镗床使用低压电器元件的型号 (4) 正确组装 T68 镗床控制电路 (5) T68 镗床控制电路调试与故障处理	
任务 6　X62W 万能铣床控制电路安装与故障检修	建议学时：6 学时	难度系数：★★★★
学习活动设计： (1) 分组操作 X62W 万能铣床 (2) 分组讨论 X62W 万能铣床控制电路 (3) 各组叙述 X62W 万能铣床工作原理 (4) 分组安装 X62W 万能铣床控制电路 (5) 师生探讨 X62W 万能铣床控制电路故障处理 (6) 师生共同总结故障处理的方法	技能点： (1) 熟练操作 X62W 万能铣床 (2) 明确各元件的具体位置 (3) 确定 X62W 万能铣床使用低压电器元件的型号 (4) 正确组装 X62W 万能铣床控制电路 (5) X62W 万能铣床控制电路调试与故障处理	
任务 7　组合机床控制电路安装与故障检修	建议学时：4 学时	难度系数：★★★
学习活动设计： (1) 分组操作组合机床 (2) 分组讨论组合机床控制电路 (3) 各组叙述组合机床工作原理 (4) 分组安装组合机床控制电路 (5) 师生探讨组合机床控制电路故障处理 (6) 师生共同总结故障处理的方法	技能点： (1) 熟练操作组合机床 (2) 明确各元件的具体位置 (3) 确定组合机床使用低压电器元件的型号 (4) 正确组装组合机床控制电路 (5) 组合机床控制电路调试与故障处理	

任务 1　CA6140 型卧式车床控制电路安装与故障检修

任务描述

　　CA6140 型卧式车床控制电路安装与维护任务是操作 CA6140 型卧式车床，安装其控制电路，并诊断和排除电气控制电路的常见故障。

任务分析

　　(1) 以 CA6140 型卧式车床为载体，掌握 CA6140 型卧式车床的基本操作。

　　(2) 会识读 CA6140 型卧式车床控制电路图，并说出电路的动作过程。

　　(3) 会安装 CA6140 型卧式车床控制电路，并通电验证。

（4）能正确诊断其电气控制电路的常见故障并能正确排除。

 知识准备

一、电气控制电路分析基础

1. 分析电气控制电路的主要内容

（1）详细阅读说明书，了解设备的结构、技术指标、机械传动、液压与气动的工作原理；电机的规格型号；设备的使用，各操作手柄、开关、旋钮等的作用；与机械、液压部分直接关联的行程开关、电磁阀、电磁离合器等的位置、工作状态及作用。

（2）电气控制原理图，电气控制电路原理图主要由主电路、控制电路、辅助电路及特殊控制电路等组成，这是分析控制电路的关键内容。

（3）电气总装接线与电器元件布置图。主要电气部件的布置、安装要求；电器元件布置与接线；在调试、检修中可通过布置图和接线图很方便地找到各种电器元件和测试点，进行维护和维修保养。

2. 电气控制原理图的分析方法与步骤

电气控制原理图的分析主要包括主电路、控制电路和辅助电路等几部分。

（1）分析主电路。首先从主电路入手分析，根据各电动机和执行电器的控制要求去分析各电动机和执行电器的控制环节去分析它们的控制内容。控制内容包括电动机的启动、方向控制、调速和制动等状况。

（2）分析控制电路。根据各电动机的执行电器的控制要求找出控制电器中的控制环节，可将控制电路按功能不同分成若干个局部控制电路来进行分析处理。分析控制电路的基本方法是查线读图法。

（3）分析辅助电路。辅助电路由电源显示、工作状态显示、照明和故障报警等部分组成。

（4）分析连锁与保护环节。机床加工对安全性和可靠性有很高的要求，实现这些要求，除了要合理地选择拖动和控制方案以外，在控制电路中还必须设置一系列电气保护和必要的电气连锁控制。

（5）总体检查。要化整为零，在逐步分析了每一个局部电路的工作原理以及各部分之间的控制关系之后，还必须用集零为整的方法，检查整个控制电路是否有遗漏。要从整体角度去进一步检查和理解各控制环节之间的联系，了解电路中每个元件所起的作用。

二、车床的结构及操纵

车床是切削加工的主要技术设备。车床的加工范围较广，适用于加工内、外圆柱面、圆锥表面、车端面、切槽、切断、车螺纹、钻中心孔、钻孔、扩孔、铰孔、盘绕弹簧等。因此，在机械制造工业中车床是一种应用最广的金属切削机床。

1. 车床的主要结构

图 2-1 为 CA6140 型卧式车床的外形图。它的床身固定在左右床脚上，用以支撑车床的各个部件，使它们保持准确的相对位置。主轴箱固定在床身的左端，内部装有主轴和变速传动

机构。工件通过卡盘等夹具装夹在主轴的前端,由主轴带动工件按照规定的转速旋转,以实现主运动。在床身的右端装有尾座,其上可装后顶尖,以支撑长工件的另一端,也可安装孔加工刀具,进行孔加工。尾座可沿床身顶面的导轨作纵向移动,以适应不同长度工件的加工。刀架部件由纵向、横向溜板和小刀架组成,可带动夹持的刀具做纵横向进给运动。进给箱固定在床身的左前侧,是进给运动传动链中主要的传动比变换装置,其功能是改变机动进给的进给量和被加工螺纹的螺距。溜板箱固定在纵向溜板的底部,可带动刀架一起作纵向运动,其功能是把进给箱传来的运动传递给刀架,使刀架实现纵向进给、横向进给、快速移动或车削螺纹。在溜板箱上装有各种操纵手柄和按钮,工作时,工人可以方便地操作。

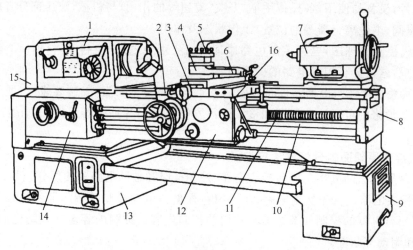

图 2-1 CA6410 型车床的外形和结构

1—主轴变速箱;2—纵溜板;3—横溜板;4—转盘;5—刀架;6—小溜板;7—尾架;8—床身;
9—右床座;10—光杠;11—丝杠;12—溜板箱;13—左床座;14—进给箱;15—挂轮架;16—操纵手柄

2. 车床的操纵

1)车床的启动和停止

检查车床各变速手柄是否处于空挡位置,离合器是否处于正确位置,操纵杆是否处于停止状态,确认无误后,合上车床电源总开关。按下床鞍上的绿色启动按钮,电动机启动。向上提起溜板箱右侧的操纵杆手柄,主轴正转;操纵杆手柄回到中间位置,主轴停止转动;操纵杆手柄下压,主轴反转。主轴正、反转的转换要在主轴停止转动后进行,避免因连续转换操作使瞬间电流过大而发生电器故障。按下床鞍上的红色停止按钮,电动机停止工作。

2)主轴箱的变速操作

车床主轴变速通过改变主轴箱正面右侧的两个叠套手柄的位置来控制。前面的手柄有 6 个挡位,每个挡位有 4 级转速,由后面的手柄控制,所以主轴共有 24 级转速,如图 2-2 所示。

主轴箱正面左侧的手柄用于螺纹的左、右旋向变换和加大螺距,共有 4 个挡位,即右旋螺纹、左旋螺纹、右旋加大螺距螺纹和左旋加大螺距螺纹。

3)进给箱的变速操作

CA6140 型车床进给箱正面左侧有一个手轮,如图 2-2 所示,手轮有 8 个挡位;右侧有前后叠装的两个手柄,前面的手柄是丝杠,光杠变换手柄,后面的手柄有Ⅰ、Ⅱ、Ⅲ、Ⅳ共 4 个挡位,

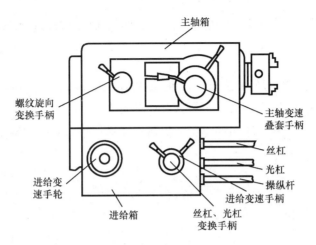

图 2-2　变速操纵外形图

用来与手轮配合,用以调整螺距或进给量。根据加工要求调整所需螺距或进给量时,可通过查找进给箱油池盖上的调配表来确定手柄的具体位置。

4) 溜板箱的操作

床鞍纵向移动是由溜板箱正面左侧的大手轮控制的,当顺时针转动手轮时,床鞍向右移动;逆时针转动手轮时,床鞍向左移动。

床鞍上的中滑板手柄控制中滑板横向移动和控制背吃刀量,当顺时针转动手柄时,中滑板向着离开操作者的方向移动;逆时针转动手柄时,中滑板向着操作者的方向移动。

中滑板上的小滑板可作纵向短距离移动,小滑板手柄顺时针转动,小滑板向左移动;逆时针转动小滑板手柄,小滑板向右移动。

5) 刻度盘和分度盘的操纵

溜板箱正面的大手柄轴上的刻度盘分为 300 格,每格为 1 mm,即刻度盘每转一周,床鞍便纵向移动 300 mm。

中滑板刻度盘分为 100 格,每格为 0.05 mm,即刻度盘每转一周,中滑板带动刀架横向移动 5 mm。

小滑板刻度盘分为 100 格,每格为 0.05 mm,即刻度盘每转一周,小滑板带动刀架纵向移动 5 mm。

小滑板上的分度盘可以顺时针或逆时针转动 0°～90°。使用时松开螺母,转动小滑板至一定的角度,用锁紧螺母固定小滑板,可加工短锥体。

6) 自动进给和快速电动机的操纵

溜板箱右侧有一个十字扳动的手柄,是刀架纵、横向自动进给及快速移动的操作机构。有纵向进、退和横向进、退 4 挡位。该手柄的顶部有一个按钮,是控制接通快速电动机的按钮,当按下此钮时,快速电动机工作,放开按钮时,快速电动机停止。当手柄扳至纵向进给位置时,按下按钮则床鞍作纵向快速进给运动;若手柄扳至横向加工位置时,按下按钮则中滑板带动小滑板和刀架作横向快速进给运动。若将丝杠运动传给溜板箱,可完成螺纹的车削,车螺纹时应将溜板箱正面右侧的开合螺母操纵手柄按下去。

7) 刀架的操作

刀架转位和锁紧依靠刀架上的手柄,逆时针转动手柄,刀架可以转动;顺时针转动刀架手柄,刀架就被锁紧。

8）尾座的操作

转动尾座右侧的手轮可使尾座套筒作进、退移动。尾座架上还有左、右两个固定用手柄。左面为尾座套筒固定手柄,扳动此手柄可使套筒固定在某一位置;右面为尾座快速紧固手柄,扳动此手柄,可使尾座快速固定于床身某一位置。尾座架还有两个锁紧螺母,可使尾座固定在某一位置。

9）切削液的使用

将切削液倒入盛液盘中,冷却泵开关顺时针旋转 90°,冷却泵开始工作,冷却嘴流量调整适当,扳动冷却嘴至冷却位置。

10）注意事项

要求每台机床都具有防护设施。摇动滑板时要集中注意力,作模拟切削运动。倒顺电源开关不准连接,确保安全。变换车速时,应停车进行。车床运转操作时,转速要适当,注意防止左右前后碰撞,以免发生事故。

三、CA6140 型卧式车床控制电路

1. 主电路分析

CA6140 型车床电气控制原理如图 2-3 所示,在主电路中,M1 为主轴电动机,拖动主轴的旋转并通过传动机构实现车刀的进给。主轴电动机 M1 的运转和停止由接触器 KM1 的 3 个动合主触点的接通和断开来控制,电动机 M1 只须作正转,而主轴的正反转是由摩擦离合器改变传动链来实现的。电动机 M1 的容量小于 10 kW,所以采用直接启动。M2 为冷却泵电动机,进行车削加工时,刀具的温度高,需用冷却液来进行冷却。为此,车床备有一台冷却泵电动机拖动冷却泵,喷出冷却液,实现刀具的冷却。冷却泵电动机 M2 由接触器 KM2 的主触点控制。M3 为快速移动电动机,由接触器 KM3 的主触点控制。M2、M3 的容量都很小,分别加装熔断器 FU1 和 FU2 作短路保护。热继电器 FR1 和 FR2 分别作 M1 和 M2 的过载保护,快速移动电动机 M3 是短时工作的,所以不需要过载保护。带钥匙的低压断路器 QF 是电源总开关。

2. 控制电路分析

控制电路的供电电压是 127 V,通过控制变压器 TC 将 380 V 的电压降为 127 V。控制变压器的一次侧由 FU3 作短路保护,二次侧由 FU6 作短路保护。

1）电源开关的控制

电源开关是带有开关锁 SA2 的低压断路器 QF,当要合上电源开关时,首先用开关钥匙将开关锁 SA2 右旋,再扳动断路器 QF 将其合上。若用开关钥匙将开关锁 SA2 左旋,其触点 SA2(1-11)闭合,QF 线圈得电,断路器 QF 将自动跳开。若出现误操作,又将 QF 合上,QF 将在 0.1 s 内再次自动跳闸。由于机床的电源开关采用了钥匙开关,接通电源时要先用钥匙打开开关锁,再合上断路器,增加了安全性,同时在机床控制配电盘的壁龛门上装有安全行程开关 SQ2,当打开配电盘壁龛门时,行程开关的触点 SQ2(1-11)闭合,QF 的线圈得电,QF 自动跳闸,切除机床的电源,以确保人身安全。

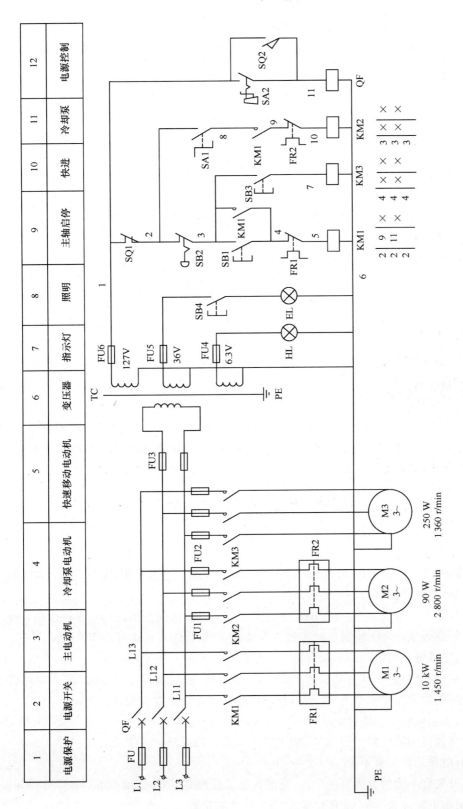

1	2	3	4	5	6	7	8	9	10	11	12
电源保护	电源开关	主电动机	冷却泵电动机	快速移动电动机	变压器	指示灯	照明	主轴启停	快进	冷却泵	电源控制

图 2-3　CA6140型卧式车床电路图

2）主轴电动机 M1 的控制

SB2 是红色蘑菇型的停止按钮，SB1 是绿色的启动按钮。按一下启动按钮 SB1，KM1 线圈得电吸合并自锁，KM1 的主触点闭合，主轴电动机 M1 启动运转。按一下 SB2，接触器 KM1 失电释放，其主触点和自锁触点都断开，电动机 M1 失电停止运行。

3）冷却泵电动机的控制

当主轴电动机启动后，KM1 的动合触点 KM1(8-9)闭合，这时若旋转转换开关 SA1 使其闭合，则 KM2 线圈得电，其主触点闭合，冷却泵电动机 M2 启动，提供冷却液。当主轴电动机 M1 停车时，KM1(8-9)断开，冷却泵电动机 M2 随即停止。M1 和 M2 之间存在互锁关系，即主轴电动机 M1 启动后，冷却泵电动机才能启动，主轴电动机 M1 停止，冷却泵电动机 M2 也随之停止。若旋转转换开关 SA1 使其断开，冷却泵电动机 M2 也可单独停止。

4）快速移动电动机 M3 的控制

快速移动电动机 M3 是由接触器 KM3 进行的点动控制。按下按钮 SB3，接触器 KM3 线圈得电吸合，其主触点闭合，电动机 M3 启动，拖动刀架快速移动；松开 SB3，M3 停止。快速移动的方向通过装在溜板箱上的十字手柄扳到所需要的方向来控制。

5）SQ1 是机床床头的挂轮架传动带罩处的安全开关。

当装好传动带罩时，SQ1(1-2)闭合，控制电路才有电，电动机 M1、M2、M3 才能启动。当打开机床床头的传动带罩时，SQ1(1-2)断开，使接触器 KM1，KM2、KM3 失电释放，电动机全部停止转动，以确保人身安全。

6）照明和信号电路的分析

照明电路采用 36 V 安全交流电压，信号回路采用 6.3 V 的交流电压，均由控制变压器二次侧提供。FU5 是照明电路的短路保护，照明灯 EL 的一端必须保护接地。FU4 为指示灯的短路保护，合上电源开关 QF，指示灯 HL 亮，表明控制电路有电。

四、CA6140 型卧式车床电路典型故障的处理

故障一：主轴电动机不能启动

若按下启动按钮，接触器 KM1 不吸合，此故障则发生在控制电路，主要应检查 FU6 是否熔断，过载保护 FR1 是否动作，接触器 KM1 的线圈接线端子是否松脱，按钮 SB1、SB2 的触点接触是否良好，根据故障部位进行修理或更换。

若故障发生在主电路，应检查车间配电箱及主电路开关的熔断器的熔丝是否熔断，导线连接处是否有松脱现象，KM1 主触点的接触是否良好，根据故障部位进行修理或更换。

故障二：主轴电动机启动后不能自锁

当按下启动按钮后，主轴电动机能启动运转，但松开启动按钮后，主轴电动机也随之停止。造成这种故障的原因是接触器 KM1 的自锁触点的连接导线松脱或接触不良。

故障三：主轴电动机不能停止

造成这种故障的原因多数为 KM1 的主触点发生熔焊或停止按钮损坏。

故障四：电源总开关合不上

电源总开关合不上的原因有两个：一是电气箱子盖没有盖好，以致 SQ2(1-11)行程开关被压下；二是钥匙电源开关 SA2 没有右旋到 SA2 断开的位置。

故障五：指示灯亮但各电动机均不能启动

造成这种故障的主要原因是 FU6 的熔体断开，或挂轮架的传动带罩没有罩好，行程开关 SQ1(1-2) 断开。

故障六：行程开关 SQ1、SQ2 故障

CA6140 车床在使用前首先应调整 SQ1、SQ2 的位置，使其动作正确，才能起到安全保护的作用。但是由于长期使用，可能出现开关松动移位，致使打开床头挂轮架的传动带罩时 SQ1(1-2) 触点断不开或打开配电盘的壁龛门时 SQ2(1-11) 不闭合，因而失去人身安全保护的作用。

故障七：带钥匙开关 SA2 的断路器 QF 故障

带钥匙开关 SA2 的断路器 QF 的主要故障是开关锁 SA2 失灵，以致失去保护作用，因此在使用时应检验将开关锁 SA2 左旋时断路器 QF 能否自动跳闸，跳开后若又将 QF 合上，经过 0.1 s 断路器能否自动跳开。

任务实施

1. 操作 CA6140 型卧式车床

（1）开车前准备：检查各操作手柄位置是否合理。

（2）启动主轴电动机，观察其运动情况。

（3）启动刀架快速移动电动机的控制，观察其运动情况。

（4）启动冷却泵电动机，观察其运动情况。

2. 准备工作

（1）认真读图，熟悉所用电器元件及其作用，配齐电路所用元件，进行检查。

（2）准备工具，测电笔、尖嘴钳、剥线钳、电工刀、兆欧表、万用表等及导线若干。

（3）元器件的技术数据（如型号、规格、额定电压、额定电流），应完整并符合要求，外观无损伤，备件、附件齐全完好。

（4）检查控制变压器各输出端电压值是否正确。

（5）根据 CA6140 型卧式车床控制电路原理图绘制安装图。

3. 安装步骤和工艺要求

（1）识读控制电路、照明电路，明确电路所用电器元件及作用，熟悉电路工作原理。

（2）将所用电器元件贴上醒目标号。

（3）按生产工艺要求安装电路。

（4）将三相电源接入控制开关，经教师检查合格后进行通电试车。

4. 注意事项

（1）按步骤正确操作 CA6140 型卧式车床，确保设备安全。

（2）注意观察 CA6140 型卧式车床电气元件的安装位置和走线情况。

（3）严禁扩大故障范围，不得损坏电气元件和设备。

（4）停电后要验电，带电检修时必须由指导教师监护，确保用电安全。

想一想，做一做

(1) CA6140 型车床主轴电动机的控制特点及 QF 断路器有什么作用？

(2) CA6140 型车床电气控制具有哪些保护环节？

(3) CA6140 型卧式车床主轴电动机与冷却泵电动机的电气控制关系是什么？

(4) 简述主轴电动机控制过程。

(5) 刀架快速移动电动机为什么用点动控制？

 任务评估

姓名		学号		总成绩	
考核项目	考核点	考核人			得分
		教师	队友		
个人素质考核（15%）	学习态度与自主学习能力				
	团队合作能力				
CA6140 型卧式车床的操作（10%）	CA6140 型车床的结构				
	CA6140 型车床的操作				
CA6140 型卧式车床的控制电路分析与安装（20%）	车床电气识图、设备运行与分析				
	车床安装、调试与维护电气产品				
CA6140 型卧式车床故障的处理（15%）	常见控制电路故障检测与维护				
	常见主电路故障检测与维护				
职业能力（15%）	CA6140 型卧式车床的电气识图、设备运行、安装、调试与维护				
	CA6140 型卧式车床的电气产品生产现场的设备操作、产品测试和生产管理				
方法能力（15%）	独立学习能力、获取新知识能力				
	决策能力制定、实施工作计划的能力				
社会能力（10%）	公共关系处理能力劳动组织能力				
	集体意识、质量意识、环保意识、社会责任心				

任务 2　Z3050 摇臂钻床控制电路安装与故障检修

任务描述

Z3050 摇臂钻床控制电路安装与维护任务是操作 Z3050 摇臂钻床,安装其控制电路,并诊断和排除电气控制电路的常见故障。

任务分析

（1）以 Z3050 摇臂钻床为载体,掌握 Z3050 摇臂钻床的基本操作。

（2）会识读 Z3050 摇臂钻床控制电路图,并说出电路的动作过程。

（3）会安装 Z3050 摇臂钻床控制电路,并通电验证。

（4）能正确诊断其电气控制电路的常见故障并能正确排除。

知识准备

钻床是一种用途广泛的孔加工机床,主要用于钻削精度要求不太高的孔,另外还可用来扩孔、铰孔、镗孔,以及刮平面、攻螺纹等。

钻床的结构型式很多,有立式钻床、卧式钻床、深孔钻床及多轴钻床等。

一、钻床的结构及操作

1. Z3050 摇臂钻床的结构

摇臂钻床是一种立式钻床,它适用于单件或批量生产中带有多孔大型零件的孔加工,是一般机械加工车间常用的机床。

摇臂钻床外形如图 2-4 所示。摇臂钻床主要由底座、内立柱、外立柱、摇臂、主轴箱、工作台等组成。内立柱固定在底座上,在它外面空套着外立柱,外立柱可绕着不动的内立柱回转一周。摇臂一端的套筒部分与外立柱滑动配合,借助于丝杆,摇臂可沿外立柱上下移动,但两者不能作相对转动,因此,摇臂只与外立柱一起相对内立柱回转。主轴箱是一个复合部件,它由主电动机、主轴和主轴传动机构、进给和进给变速机构以及机床的操作机构等部分组成。主轴箱安装在摇臂水平导轨上,它可借助手轮操作使其在水平导轨上沿摇臂作径向运动。当进行加工时,由特殊的夹紧装置将主轴箱紧固在摇臂导轨上,

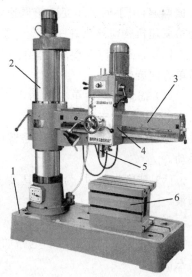

图 2-4　Z3050 摇臂钻床

1—底座；2—立柱；3—摇臂；
4—主轴箱；5—主轴；6—工作台

外立柱紧固在内立柱上,摇臂紧固在外立柱上,然后进行钻削加工。钻削加工时,钻头一面旋转进行切削,同时进行纵向进给。

2. Z3050 摇臂钻床的运动

(1)摇臂钻床的主运动:主轴带着钻头的旋转运动。

(2)辅助运动:摇臂连同外立柱围绕着内立柱的回转运动,摇臂在外立柱上的上升、下降运动,主轴箱在摇臂上的左右运动等。

(3)进给运动:主轴的前进移动。

由于摇臂钻床的运动部件较多,为简化传动装置,常采用多电动机拖动。通常设有主电动机、摇臂升降电动机、夹紧放松电动机及冷却泵电动机。

主轴变速机构和进给变速机构都装在主轴箱里,所以主运动与进给运动由一台笼形感应电动机拖动。

摇臂钻床加工螺纹时,主轴需要正、反转,摇臂钻床主轴的正反转一般用机械方法变换,主轴电动机只做单方向旋转。为适应各种形式的加工,钻床的主运动与进给运动要有较大的调速范围。

二、Z3050 摇臂钻床控制电路

1. 摇臂钻床的电力拖动特点

(1)由于摇臂钻床的运动部件较多,多简化传动装置,使用多电动机拖动,主电动机承担主钻削及进给任务,摇臂升降,夹紧放松和冷却泵各用一台电动机拖动。

(2)为了适应多种加工方式的要求,主轴及进给应在较大范围内调速。但这些调速都是机械调速,用手柄操作变速箱调速,对电动机无任何调速要求。从结构上看,主轴变速机构与进给变速机构应该放在一个变速箱内,而且两种运动由一台电动机拖动是合理的。

(3)加工螺纹时要求主轴能正反转。摇臂钻床的正反转一般用机械方法实现,电动机只需单方向旋转。

(4)摇臂升降由单独电动机拖动,要求能实现正反转。

(5)摇臂的夹紧与放松以及立柱的夹紧与放松由一台异步电动机配合液压装置来完成,要求这台电动机能正反转。摇臂的回转和主轴箱的径向移动在中小型摇臂钻床上都采用手动。

(6)钻削加工时,为对刀具及工件进行冷却,需要一台冷却泵电动机拖动冷却泵输送冷却液。

2. 电气控制电路分析

Z3050 摇臂钻床的控制电路如图 2-5 所示。电路分为主电路、控制电路和照明与指示电路三部分。

1)主电路分析

Z3050 摇臂钻床共有 4 台电动机,除冷却泵电动机采用开关直接启动外,其余 3 台异步电动机均采用接触器控制启动。

M1 是主轴电动机,由交流接触器 KM1 控制,只要求单方向旋转,主轴的正反转由机械手柄操作。M1 装在主轴箱顶部,带动主轴及进给传动系统,热继电器 FR1 是过载保护元件,短

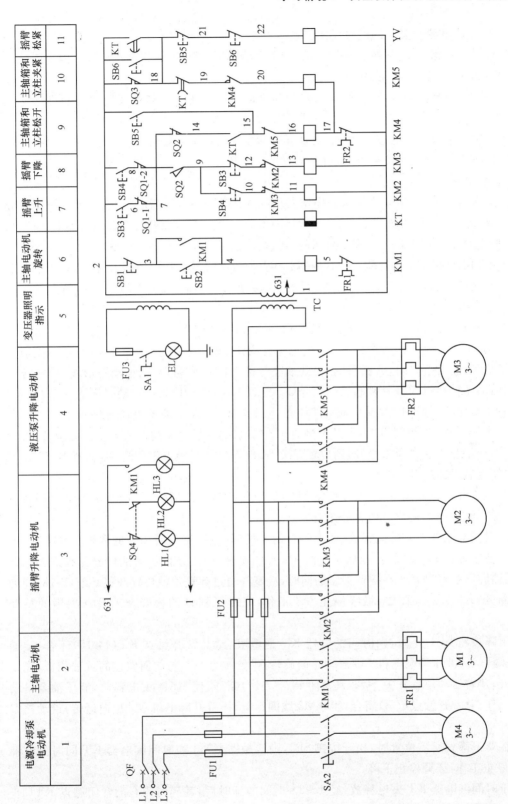

图 2-5 Z3050 型摇臂钻床电路图

路保护电器是总电源开关中的电磁脱扣装置。

M2 是摇臂升降电动机,装于主轴顶部,用接触器 KM2 和 KM3 控制正反转。因为该电动机短时间工作,故不设过载保护电器。

M3 是液压油泵电动机,可以做正向转动和反向转动。正向旋转和反向旋转的启动与停止由接触器 KM4 和 KM5 控制。热继电器 FR2 是液压油泵电动机的过载保护电器。该电动机的主要作用是供给夹紧装置压力油,实现摇臂和立柱的夹紧和松开。

M4 是冷却泵电动机,功率很小,由开关直接启动和停止。

2)控制电路分析

(1)开车前的准备工作:为了保证操作安全,本机床具有"开门断电"功能。所以开车前应将立柱下部及摇臂后部的电门盖关好,方能接通电源。合上总电源开关 QF,并且 SQ4 处于初始状态,则电源指示灯 HL1 亮,表示机床的电气电路已进入带电状态。

(2)主轴电动机 M1 的控制:按启动按钮 SB2(3-4),则接触器 KM1 吸合并自锁,使主电动机 M1 启动运行,同时指示灯 HL3 显亮。按停止按钮 SB1,则接触器 KM1 释放,使主电动机 M1 停止旋转,同时指示灯 HL3 熄灭。

(3)摇臂升降控制:按上升按钮 SB3(2-6),则时间继电器 KT 通电吸合,它的瞬时闭合的动合触点 KT(14-15)闭合,接触器 KM4 线圈得电,液压油泵电动机 M3 启动正向旋转,供给压力油。压力油经分配阀体进入摇臂的"松开油腔",推动活塞移动,活塞推动菱形块,将摇臂松开。同时,活塞杆通过弹簧片使位置开关 SQ2 的动断触点断开(7-14),动合触点闭合(7-9)。前者切断了接触器 KM4 的线圈电路,KM4 的主触点断开,液压油泵电动机停止工作。后者使交流接触器 KM2 的线圈得电,主触点接通 M2 的电源,摇臂升降电动机启动正向旋转,带动摇臂上升,如果此时摇臂尚未松开,则位置开关 SQ2(7-9)常开触点不闭合,接触器 KM2 就不能吸合,摇臂就不能上升。

当摇臂上升到所需位置时,松开按钮 SB3(2-6)则接触器 KM2 和时间继电器 KT 同时失电释放,M2 停止工作,随之摇臂停止上升。

由于时间继电器 KT 失电释放,经 1～3 s 时间的延时后,其延时闭合的常闭触点 KT(18-19)闭合,使接触器 KM5 吸合,液压泵电机 M3 反向旋转,随之泵内压力油经分配阀进入摇臂的"夹紧油腔",摇臂夹紧。在摇臂夹紧的同时,活塞杆通过弹簧片使位置开关 SQ3(2-18)的动断触点断开,KM5 失电释放,最终停止 M3 工作,完成了摇臂的松开→上升→夹紧的整套动作。

按下降按钮 SB4(2-8),则时间继电器 KT 通电吸合,其常开触点 KT(14-15)闭合,接通 KM4 线圈电源,液压油泵电机 M3 启动正向旋转,供给压力油。与前面叙述的过程相似,先使摇臂松开,接着压动位置开关 SQ2,其常闭触点(7-14)断开,使 KM4 失电释放,液压油泵电动机停止工作;其常开触点(7-8)闭合,使 KM3 线圈得电,摇臂升降电机 M2 反向运转,带动摇臂下降。

当摇臂下降到所需位置时,松开按钮 SB4,则接触器 KM3 和时间继电器 KT 同时失电释放,M2 停止工作,摇臂停止下降。

由于时间继电器 KT 失电释放,经 1～3 s 时间的延时后,其延时闭合的常闭触点 KT(18-19)闭合,KM5 线圈得电,液压泵电动机 M3 反向旋转,随之摇臂夹紧。在摇臂夹紧同时,使位置开关 SQ3(2-18)断开,KM5 失电释放,最终停止 M3 工作,完成了摇臂的松开→下降→夹紧的整套动作。

限位开关 SQ1(6-7)和 SQ1(8-7)用来限制摇臂的升降过程。当摇臂上升到极限位置时,SQ1(6-7)动作,接触器 KM2 失电释放,M2 停止运行,摇臂停止上升;当摇臂下降到极限位置时,SQ1(8-7)动作,接触器 KM3 失电释放,M2 停止运行,摇臂停止下降。

摇臂的自动夹紧由位置开关 SQ3(2-18)控制。如果液压夹紧系统出现故障,不能自动夹紧摇臂,或者由于 SQ3(2-18)调整不当,在摇臂夹紧后不能使 SQ3(2-18)的常闭触点断开,都会使液压泵电动机因长期过载运行而损坏。为此,电路中设有热继电器 FR2,其整定值应根据液压电动机 M3 的额定电流进行调整。

摇臂升降电动机的正反转控制继电器不允许同时得电动作,以防止电源短路。为避免因操作失误等原因而造成短路事故,在摇臂上升和下降的控制电路中采用了接触器的辅助触点互锁和复合按钮互锁两种保证安全的方法,确保电路安全工作。

(4) 立柱和主轴箱的夹紧与松开控制:立柱和主轴箱均采用液压操纵夹紧与放松,两者是同时进行的,工作时要求二位六通阀 YV 不通电。松开与夹紧分别由松开按钮 SB5(2-15)和夹紧按钮 SB6(2-18)控制。指示灯 HL1、HL2 指示其动作。

按下松开按钮 SB5(2-15)时,KM4 线圈得电吸合,M3 电动机正转,拖动液压泵送出压力油,此时电磁阀线圈 YV 不通电,其提供的高压油经二位六通电磁阀到另一油路,进入立柱与主轴箱松开油腔,推动活塞和菱形块使立柱和主轴箱同时松开。当立柱与主轴箱松开后,行程开关 SQ4 不受压复位,触点 SQ4 闭合,指示灯 HL1 亮,表明立柱与主轴箱已松开。于是,可以手动操作主轴箱在摇臂的水平导轨上移动。当移动到位,按下夹紧按钮 SB6(2-18)时,KM5 线圈得电吸合,M3 电动机反转,拖动液压泵送出压力油至夹紧油腔,使立柱与主轴箱同时夹紧。当确已夹紧,压下 SQ4,触点 SQ4 断开,HL1 灯灭,触点 SQ4 闭合,HL2 灯亮,指示立柱与主轴箱均已夹紧,可以进行钻削加工。

(5) 冷却泵电动机 M4 的控制:M4 电动机由开关 SA1 手动控制、单向旋转。

(6) 连锁与保护环节:SQ1 行程开关实现摇臂上升与下降的限位保护。SQ2 行程开关实现摇臂松开到位,开始升降的连锁。SQ3 行程开关实现摇臂完全夹紧,液压泵电动机 M3 停止运转的连锁。KT 时间继电器实现升降电动机 M2 断开电源、待 M2 停止后再进行夹紧的连锁。M2 电动机正反转具有双重互锁,M3 电动机正反转具有电气互锁。SB5、SB6 立柱与主轴箱松开、夹紧按钮的常闭触点串接在电磁阀 YV 线圈电路中,实现立柱与主轴箱松开、夹紧操作时,压力油只进入立柱与主轴箱夹紧油腔而不进入摇臂夹紧油腔的连锁。熔断器 FU1～FU3 实现电路的短路保护。热继电器 FR1、FR2 为电动机 M1、M3 的过载保护。

三、Z3050 摇臂钻床电路典型故障的处理

故障一:摇臂升降后不能完全夹紧

摇臂升降和松紧是由电气和机械结构配合实现放松→上升(下降)→夹紧的半自动工作顺序的控制。维修时除检查电气部分外,还要检查机械部分是否正常。

主要是由于 SQ3 过早分断致使摇臂未夹紧就停止了夹紧动作,应将 SQ3 的动触点 SQ3(2-18)调到适当的位置,故障便可消除。

故障二:立柱夹紧与松开电路的故障

若立柱夹紧或松开电动机不能启动,则故障的原因可能为:FU2 熔丝熔断;按钮 SB1 或 SB2 接触不良;接触器 KM4、KM5 的动断触点或主触点接触不良。

若立柱夹紧或松开电动机工作后不能停止,这是由于 KM4、KM5 的主触点熔焊造成的,应立即切断总电源,更换主触点,防止电动机过载而烧毁。

故障三:摇臂不能升降

由摇臂升降过程可知,升降电动机 M2 旋转,带动摇臂升降,其条件是使摇臂从立柱上完全松开后,活塞杆压动行程开关 SQ2。所以发生故障时,首先要检查 SQ2 是否动作,如果 SQ2 不动作,常见故障是 SQ2 的安装位置移动或损坏。也可能是液压系统发生故障,使摇臂放松不够,压不上 SQ2,使摇臂不能运动。另外,液压油泵电动机 M3 电源相序接反时,按上升按钮 SB3(或下降按钮 SB5),M3 反转,使摇臂夹紧,压不上 SQ2,摇臂也不能升降,所以,在钻床大修或安装后,一定要检查电源相序。

任务实施

1. 操作 Z3050 摇臂钻床

(1) 检查各操作手柄位置是否在正常位置。

(2) 启动主轴电动机,观察其运动情况。

(3) 启动摇臂升降电动机的控制,观察其升降过程。

(4) 启动冷却泵电动机,观察其运动情况。

(5) 立柱、主轴箱的放松与夹紧控制,观察其运动情况。

2. 准备工作

(1) 认真读图,熟悉所用电器元件及其作用,配齐电路所用元件,进行检查。

(2) 准备工具,测电笔、尖嘴钳、剥线钳、电工刀、兆欧表、万用表等及导线若干。

(3) 元器件的技术数据(如型号、规格、额定电压、额定电流),应完整并符合要求,外观无损伤,备件、附件齐全完好。

(4) 检查控制变压器各输出端电压值是否正确。

(5) 根据 Z3050 摇臂钻床控制电路原理图绘制安装图。

3. 安装步骤和工艺要求

(1) 识读控制电路、照明电路,明确电路所用电器元件及作用,熟悉电路工作原理。

(2) 将所用电器元件贴上醒目标号。

(3) 按生产工艺要求安装电路。

(4) 将三相电源接入控制开关,经教师检查合格后进行通电试车。

4. 注意事项

(1) 按步骤正确操作 Z3050 摇臂钻床,确保设备安全。

(2) 注意观察 Z3050 摇臂钻床电气元件的安装位置和走线情况,注意行程开关操作顺序。

(3) 严禁扩大故障范围,不得损坏电气元件和设备。

(4) 停电后要验电,带电检修时必须由指导教师监护,确保用电安全。

想一想,做一做

(1) 在 Z3050 型摇臂钻床升降过程中,液压泵电动机 M3 和摇臂升降电动机 M2 应如何配合工作,并以摇臂升降为例叙述电路工作情况。

(2) 在 Z3050 型摇臂钻床电路中,时间继电器 KT 的作用是什么?

(3) 试述 Z3050 型摇臂钻床电路中各行程开关的作用。

(4) 简述 Z3050 型摇臂钻床电路中摇臂松紧电路控制过程。

(5) 结合 Z3050 型摇臂钻床工作特点说明冷却泵电动机可单独工作的原因。

 任务评估

姓名		学号		总成绩	
考核项目	考核点	考核人			得分
		教师	队友		
个人素质考核 (15%)	学习态度与自主学习能力				
	团队合作能力				
Z3050 摇臂钻床的 操作(10%)	Z3050 摇臂钻床的结构				
	Z3050 摇臂钻床的操作				
Z3050 摇臂钻床的 控制电路分析与安装 (20%)	Z3050 摇臂钻床的电气识图、设备运行与分析				
	Z3050 摇臂钻床的安装、调试与维护电气产品				
Z3050 摇臂钻床故 障的处理(15%)	常见控制电路故障检测与维护				
	常见主电路故障检测与维护				
职业能力(15%)	Z3050 摇臂钻床的电气识图、设备运行、安装、调试与维护				
	Z3050 摇臂钻床的电气产品生产现场的设备操作、产品测试和生产管理				
方法能力(15%)	独立学习能力、获取新知识能力				
	决策能力制定、实施工作计划的能力				
社会能力(10%)	公共关系处理能力劳动组织能力				
	集体意识、质量意识、环保意识、社会责任心				

任务3　M7475B型平面磨床控制电路安装与故障检修

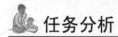

任务描述

M7475B型平面磨床控制电路安装与维护任务是操作M7475B型平面磨床,安装其控制电路,并诊断和排除电气控制电路的常见故障。

任务分析

(1) 以M7475B型平面磨床为载体,掌握M7475B型平面磨床的基本操作。

(2) 会识读M7475B型平面磨床控制电路图,并说出电路的动作过程。

(3) 会安装M7475B型平面磨床控制电路,并通电验证。

(4) 能正确诊断其电气控制电路的常见故障,并能正确排除。

知识准备

一、M7475B型平面磨床主要结构及运动形式

M7475B型平面磨床的外形如图2-6所示。它主要由床身、圆工作台、砂轮架、立柱等部分组成。它采用立式磨头,用砂轮的端面进行磨削加工,用电磁吸盘固定工件。

M7475B型平面磨床控制电路如图2-7所示。

M7475B型平面磨床的主运动是砂轮电动机M1带动砂轮的旋转运动。进给运动是工作台转动电动机M2拖动圆工作台转动。辅助运动是工作台移动电动机M3带动工作台的左右移动和磨头升降电动机M4带动砂轮架沿立柱导轨的上下移动。

二、M7475B型平面磨床交流控制电路分析

1. 电力拖动的特点及控制要求

(1) 磨床的砂轮和工作台分别由单独的电动机拖动,5台电动机都选用交流异步电动机,并用继电器、接触器控制,属于纯电气控制。

(2) 砂轮电动机M1只要求单方向旋转。由于容量较大,采用Y-△降压启动以限制启动电流。

(3) 工作台转动电动机M2选用双速异步电动机来实现工作台的高速和低速旋转,以简化传动机构。工作台低速转动时,电动机定子绕组接成△形,转速为940 r/min。工作台高速旋转时,电动机定子绕组接成Y形,转速为1 440 r/min。

图2-6　M7475B型平面磨床
1—砂轮架;2—立柱;3—床身;
4—磨头;5—工作台

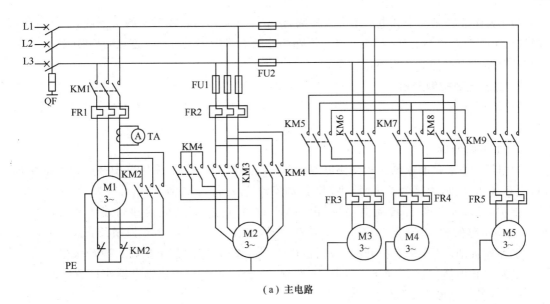

（a）主电路

（b）控制电路与照明电路

图 2-7　M7475B 型平面磨床交流控制电路图

（4）为保证磨床安全和电源不会被短路，该磨床在工作台转动时与磨头下降、工作台快转与慢转、工作台左移与右移、磨头上升与下降的控制电路中都设有电气连锁，且在工作台的左、右移动和磨头上升控制中设有限位保护。

2．交流电路控制分析

M7475B 型平面磨床的交流电路（见图 2-7）分为主电路、控制电路和照明与指示电路三部分。

1）主电路分析

M7475B 型平面磨床的三相交流电源由低压断路器 QF 引入，主电路中共有 5 台电动机。M1 是砂轮电动机，由接触器 KM1、KM2 控制实现 Y-△ 降压启动，并由低压断路器 QF 兼做短路保护。M2 是工作台转动电动机，由 KM3 和 KM4 控制其低速和高速运转，由熔断器 FU1 实现短路保护。M3 是工作台转动移动电动机，由 KM5 和 KM6 控制其正反转，实现工作台的左右移动。M4 是磨头升降电动机，由 KM7、KM8 控制其正反转。冷却泵电动机 M5 的启动和停止由插接器 X 和接触器 KM9 控制。5 台电动机均用热继电器作过载保护。M3、M4 和 M5 共用熔断器 FU2 作短路保护。

2）控制电路分析

控制电路由控制变压器 TC1 的一组抽头提供 220 V 的交流电压，由熔断器 FU3 作短路保护。

（1）零压保护：磨床中工作台转动电动机 M2 和冷却泵电动机 M5 的启动和停止采用无自动复位功能的开关操作，当电源电压消失后开关仍保持原状。为防止电压恢复时 M2、M5 自行启动，电路中设置了零压保护环节。在启动各电动机之前，必须先按下 SB2(7-8)，零压保护继电器 KA1 得电自锁，其自锁常开触点通电控制电路电源。电路断电时，KA1 释放；当在恢复供电时，KA1 不会自行得电，从而实现零压保护。

（2）砂轮电动机 M1 的控制：合上电源开关 QF，将工作台高、低速转换开关 SA1 置于零位，按下 SB2(7-8)使 KA1 得电吸合后，再按下启动按钮 SB3(8-9)，KT 和 KM1 同时得电动作，KM1(10-11)的常闭辅助触点断开对 KM2 连锁，KM1(12-9)的常开辅助触点闭合自锁，其主触点闭合使电动机 M1 的定子绕组接成 Y 形启动。

经过延时，时间继电器 KT(9-13)延时断开的常闭触点断开，KM1 失电释放，M1 失电作惯性运转。KM1(10-11)的常闭辅助触点闭合为 KM2 得电做准备。同时 KT(12-9)延时闭合的常开触点闭合，接触器 KM2 得电动作并自锁(10-11)，其主触点闭合使 M1 的定子绕组接成△形；而 KM2 的另一对常开辅助(12-15)触点闭合，KM1 重新得电动作，将电动机 M1 电源接通，使电动机定子绕组接成△形进入正常运行状态。

该控制电路在电动机 M1 的定子绕组 Y-△ 转换的过程中，要求 KM1 先失电释放，然后 KM2 得电吸合，接着 KM1 再得电吸合。其原因是接触器 KM2 的触点容量（40 A）比 KM1（75 A）小，且电路中用 KM2 的常闭辅助触点将电动机 M1 的定子绕组接成 Y 形，而辅助触点的断流能力又远小于主触点。因此，首先使 KM1 释放，切断电源，使 KM2 在触点没有接通电流的情况下动作，将电动机定子绕组接成△形，再使 KM1 动作，重新接通电动机电源。如果 KM1 不先失电释放而直接使 KM2 动作，则 KM2 的辅助触点要断开大电流，这可能会将触点烧坏。更严重的是，由于在断开大电流时要产生强烈的电弧，而辅助触点的灭弧能力又差，到

116

KM2 的主触点闭合时,它的辅助触点间的电弧可能尚未熄灭,从而将产生电源短路事故。

停车时,按下停止按钮 SB4(8-12),接触器 KM1、KM2 和时间继电器 KT 失电释放,砂轮电动机 M1 失电停转。

(3) 工作台转动电动机 M2 的控制:工作台转动电动机 M2 由转换开关 SA1 控制,有高速和低速两种旋转速度。将 SA1 扳到低速位置(14-15),接触器 KM3 得电吸合,M2 定子绕组接成三角形低速运转,带动工作台低速转动。将 SA1 扳到高速位置(14-16),接触器 KM4 得电吸合,M2 定子绕组接成双星形,带动工作台高速转动。将 SA1 扳到中间位置,KM3 和 KM4 均失电,M2 停止运转。

(4) 工作台移动电动机 M3 的控制:工作台移动电动机采用点动控制,分别由按钮 SB5、SB6 控制其正反转。按下 SB5,KM5 得电吸合,M3 正转,带动工作台向左移动;按下 SB6,KM6 吸合,M3 反转带动工作台向右移动。工作台的左移和右移分别用位置开关 SQ1 和 SQ2 作限位保护。当工作台移动到极限位置时,压动位置开关 SQ1 或 SQ2,断开 KM5 或 KM6 线圈电路,使 M3 失电停转,工作台停止移动。

(5) 磨头升降电动机 M4 的控制:磨头升降电动机也采用点动控制。按下上升按钮 SB7,接触器 KM7 吸合,M4 得电正转,拖动磨头向上移动。按下下降按钮 SB8,接触器 KM8 吸合,M4 反转,拖动磨头向下移动。磨头的上限位保护由位置开关 SQ3 实现。

在磨头的下降过程中,不允许工作台转动,否则将发生机械事故。因此,在工作台转动控制电路中,串接磨头下降接触器 KM8 的常闭辅助触点,当 KM8 吸合磨头下降时,切断工作台转动控制电路。而在工作台转动时,不允许磨头下降,因此在磨头下降的控制电路中串接了 KM3 和 KM4 的常闭触点,使工作台转动时切断磨头下降的控制电路,实现电气连锁。

(6) 冷却泵电动机 M5 的控制:冷却泵电动机 M5 由接插器 X 和接触器 KM9 控制。当加工过程中需要冷却液时,将接插器插好,然后将开关 SA2(8-32)接通,KM9 得电吸合,M5 启动运转。断开 SA2,KM9 失电释放,M5 停转。

三、M7475B 型平面磨床电磁吸盘控制电路分析

电磁吸盘是用来固定加工工件的一种夹具。它与机械夹具比较,具有夹紧迅速,操作快速简便,不损伤工件,一次能吸牢多个小件,以及磨削中发热工件可自由伸缩、不会变形等优点。不足之处是只能吸住铁磁材料的工件,不能吸牢非铁磁材料的工件。

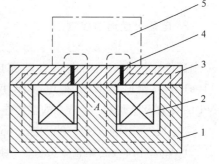

电磁吸盘 YH 的结构如图 2-8 所示。它的外壳由钢制箱体和盖板组成。在箱体内部均匀排列的多个凸起的芯体上绕有线圈,盖板则用非磁性材料隔离成若干钢条。当线圈通入直流电后,凸起的芯体和隔离的钢条均被磁化而产生与磁盘相异的磁极被牢牢吸住。

电磁吸盘的励磁、退磁采用电子电路控制。为了加工后将工件取下,要求圆工作台的电磁吸盘在停止励磁后自动退磁。

图 2-8　电磁吸盘 YH 结构图
1—钢制吸盘体;2—线圈;3—钢制盖板;
4—隔磁层;5—工件

1. 电磁吸盘励磁控制

M7475B 型平面磨床在进行磨削加工时,需要工作台将工件牢牢吸住,这要求晶闸管整流电路给电磁吸盘提供较大的电流,使电磁吸盘具有强磁性。

控制电路图如图 2-9 所示。按下励磁按钮 SB9[图 2-7(33-34)],中间继电器 KA2 通电吸合并自锁,其常闭触点(110-110a)断开,继电器 KA3 断电释放,它的常开触点(110-118、121-134、123-135)断开,晶体管 V1 因发射极断开而不能工作,V3、V4 因输出端断开而不起作用,只有 V2 正常工作。

V2 是 PNP 型锗管,当它的发射极与基极间的电压 U_{EB} 大于 0.2 V 时,V2 导通;U_{EB} 小于 0.2 V 时,V2 截止。在 V2 的发射极、基极回路中有两个输入电压,一个是由 TS2(108-109)输入的 70 V 交流电压经单相桥式整流、电容 C_{10} 滤波后,从电位器 RP3 上获得的给定电压 U_{EA};另一个是由同步变压器 TS2(106-107)22 V 交流电压经电位器 RP2 取出通过二极管 V21 整流的电压 U_{BA},即电阻 R_{11} 两端的电压。在其正半周,正弦波电压被稳压管 V10 削成梯形波之后加在 RP2 上,并通过 V21 给电容 C_7 充电,使 C_7 两端的电压逐渐上升。在其负半周,稳压管 V10 正向导通,它上面只有 0.7 V 左右的管压降,从 RP2 上取出的电压不能使 V21 导通,二极管 V21 截止,C_7 对 R_{11} 放电,C_7 两端的电压又逐渐下降。这样在 R_{11} 两端出现锯齿波电压 U_{BA},方向为 B 正 A 负。

从图 2-9 中可以看出,这两个电压的极性相反,给定电压 U_{EA} 的方向是使 V2 导通,而锯齿波电压 U_{BA} 的极性是使 V2 截止,两个电压经比较后作用于 V2 的发射结上,使 V2 处于两种工作状态。当给定电压超过锯齿波电压 0.2 V 及以上时,V2 导通;否则 V2 截止。可见,一般情况下,当 U_{BA} 处于峰值及其附近的较高电压值时,V2 截止,而当 U_{BA} 处于较低值时,V2 导通。

在 V2 开始导通时,通过脉冲变压器 TP2 产生一个触发脉冲,经二极管 V20 送到晶闸管 V6 的控制极与阴极之间,使晶闸管 V6 触发导通,电磁吸盘 YH 通电。在交流电源的负半周,V6 阳极电压改变极性,晶闸管截止。V2 在电源电压的每个周期内均导通一次,晶闸管也随着导通一次,在电磁吸盘中通过脉动直流电流,其电压约为 100 V。

调节电位器 RP3 可以改变给定电压 U_{EA} 的大小。给定电压大时,V2 导通时间提前,触发脉冲前移,晶闸管导通角增大,流过电磁吸盘的电流增大,工作台吸力增大。反之,工作台吸力减小。

2. 电磁吸盘退磁控制

工件磨削完毕,要求工作台退磁以便能容易地将工件取下。M7475B 的电磁吸盘只要按下励磁停止按钮 SB10,即可自动完成退磁过程。按下 SB10,KA2 失电,其常闭触点(110-110a)闭合,继电器 KA3 得电吸合,KA3 的常开触点(110-118、121-134、123-135)闭合,接通 V1 的发射极电路和 V3、V4 的输出电路;常闭触点(141-142)断开,切断给定电压的直流电源。C_{10} 经过 R_{23} 和 RP3 放电,给定电压 U_{EA} 逐渐降低。

KA3 动作后,晶体管 V3 和 V4 组成的多谐振荡器开始工作。它是由 V3 和 V4 组成的两个放大器通过电容 C_8 和 C_9 相互耦合而成。两个晶体管不能同时维持导通状态,只能轮流导通。

假定在接通电源时,由于晶体管参数的差异使 V3 导通,V4 截止,则电源通过 V3 的发射极和基极对 C_9 充电,在电容 C_9 上建立电压 U_{C9},另一方面通过 V3 的发射极和集电极对 C_8 充

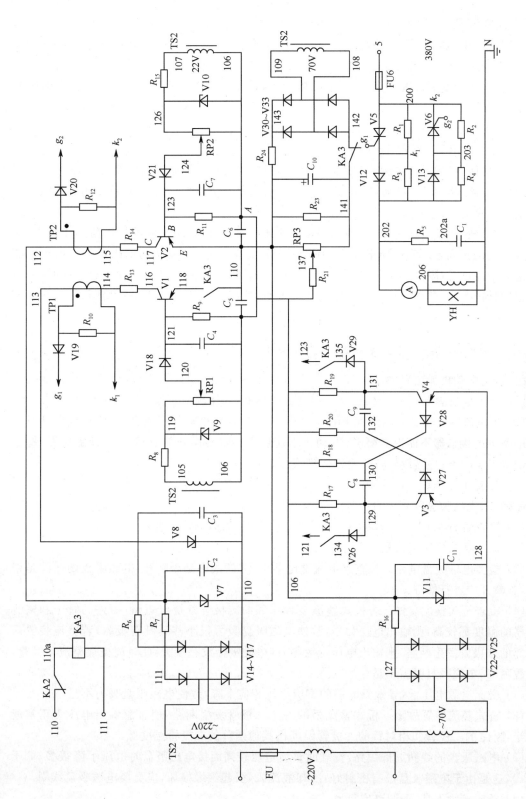

图 2-9　M7475B 型平面磨床电磁吸盘控制电路

电,充电速度由 R_{17} 和 R_{18} 的阻值决定。当电容 C_8 上的电压达到一定值时,V4 导通。V4 导通后,电容 C_9 上的电压使 V3 迅速截止。这时电源又通过 V4 对电容 C_7 充电,电容 C_9 则通过 R_{20} 和 V4 而放电,电压 U_{C9} 逐渐降低,然后又被反向充电,充电到一定程度,V3 再次导通,而 V4 立即截止,这样产生了自激振荡,使两个晶体管 V3、V4 轮流导通,V3、V4 的两个输出端轮流由电压输出。

V3 和 V4 的输出端分别与 V1 和 V2 的基极相连。V3 或 V4 导通时,其输出电压的极性与给定电压 U_{EA} 相反,使 V1 或 V2 趋向于截止。V3 和 V4 轮流有输出电压加到 V1 和 V2 的基极回路上,使 V1 和 V2 也轮流导通,通过脉冲变压器将触发脉冲分别加到晶闸管 V5 和 V6 的控制极上,使 V5 和 V6 轮流导通,通过 YH 的电流方向交替改变,其变化频率由多谐振荡器的振荡频率决定。

由于 C_{10} 放电,给定电压 U_{EA} 逐渐减小,触发脉冲逐渐后移,晶闸管的导通角逐步减小,故加在 YH 上的正向电压和反向电压逐步降低,最后趋向于零,从而达到退磁目的。由于电磁吸盘是电感性负载,因而在其电路中并联电容 C_1 进行滤波,以减小电压脉冲成分。同时,采用 C_1 后,晶闸管在一次侧导通时的过电流现象较严重,所以电路中采用了快速熔断器 FU6 作过电流保护。

四、M7475B 型平面磨床电路典型故障的处理

故障一:电动机无法启动

(1) 检查熔断器 FU1、FU2 或 FU4 熔丝是否熔断,若熔断应更换熔丝。

(2) 欠电流继电器 KA 的触点 FR(3-4) 接触不良,接线松动脱落或有油垢,导致电动机的控制电路中的接触器不能得电吸合,电动机不能启动。将转换开关 SA1 扳到励磁位置,检查继电器触点 FR(3-4) 是否接通,不通则修理或更换触点。

(3) 转换开关 SA1(14-15) 接触不良,需修理或更换转换开关。

故障二:电磁吸盘没有吸力

(1) 检查熔断器 FU1、FU2 或 FU4 熔丝是否熔断,若熔断应更换熔丝。

(2) 检查插头插座接触是否良好,若接触不良应进行调整或更换。

(3) 检查电磁吸盘电路。检查欠电流继电器 KA2 的线圈是否断开,电磁吸盘的线圈是否断开,若断开应进行修理。

(4) 检查桥式整流装置。若桥式整流装置相邻的二极管都烧成短路,短路的管子和整流变压器的温度都较高,则输出电压为零,致使电磁吸盘吸力很小甚至没有吸力;若整流装置两个相邻的二极管发生断路,则输出电压也为零,则电磁吸盘没有吸力,此时应更换整流二极管。

故障三:电磁吸盘吸力不足

(1) 交流电源电压低,导致整流后的直流电压相应下降,致使电磁吸盘吸力不足。

(2) 桥式整流装置故障。桥式整流桥的一个二极管发生断路,使直流输出电压为正常值的一半,断路的二极管和相对臂的二极管温度比其他两臂的二极管温度低。

(3) 电磁吸盘的线圈局部短路,空载时整流电压较高而接电磁吸盘时电压下降很多(低于110 V),这是由于电磁吸盘没有密封好,冷却液流入,引起绝缘损坏,应更换电磁吸盘线圈。

(4) 插座接触不良,需调整或更换。

故障四：电磁吸盘退磁效果差，退磁后工件难以取下

（1）退磁电路电压过高，此时应调整 RP$_2$，使退磁电压为 5～10 V。

（2）退磁回路断开，使工件没有退磁，此时应检查转换开关 SA1 接触是否良好，电阻 R_2 有无损坏。

（3）退磁时间掌握不好，不同材料的工件，所需退磁时间不同，应掌握好退磁时间。

任务实施

1. 操作 M7475B 型平面磨床

（1）开车前准备：检查各操作手柄位置是否合理。

（2）启动主轴电动机，观察其运动情况。

（3）启动电磁吸盘控制电路，观察其吸合、去磁情况。

（4）启动冷却泵电动机，观察其运动情况。

2. 准备工作

（1）认真读图，熟悉所用电器元件及其作用，配齐电路所用元件，进行检查。

（2）准备工具，测电笔、尖嘴钳、剥线钳、电工刀、兆欧表、万用表等及导线若干。

（3）元器件的技术数据（如型号、规格、额定电压、额定电流），应完整并符合要求，外观无损伤，备件、附件齐全完好。

（4）检查整流电路输出端电压值是否正确。

（5）根据 M7475B 型平面磨床控制电路原理图绘制安装图。

3. 安装步骤和工艺要求

（1）识读控制电路、照明电路和去磁电路，明确电路所用电器元件及作用，熟悉电路工作原理。

（2）将所用电器元件贴上醒目标号。

（3）按生产工艺要求安装电路。

（4）将三相电源接入控制开关，经教师检查合格后进行通电试车。

4. 注意事项

（1）按步骤正确操作 M7475B 型平面磨床，确保设备安全。

（2）注意观察 M7475B 型平面磨床电气元件的安装位置和走线情况。

（3）严禁扩大故障范围，不得损坏电气元件和设备。

（4）停电后要验电，带电检修时必须由指导教师监护，确保安全用电。

想一想，做一做

在 M7475B 型磨床电气控制中，砂轮电动机 M1 采取 Y-△将压启动，但在电动机换接成△连接之前，切断三相交流电源，然后再连接成△，之后再次接通三相交流电源，这是为什么？

![任务评估]

姓名		学号		总成绩	
考核项目	考核点		考核人		得分
			教师	队友	
个人素质考核 (15%)	学习态度与自主学习能力				
	团队合作能力				
M7475B 型平面磨床的操作(10%)	M7475B 型平面磨床的结构				
	M7475B 型平面磨床的操作				
M7475B 型平面磨床的控制电路分析与安装(20%)	M7475B 型平面磨床电气识图、设备运行与分析				
	M7475B 型平面磨床安装、调试与维护电气产品				
M7475B 型平面磨床故障的处理(15%)	常见控制电路故障检测与维护				
	常见主电路故障检测与维护				
职业能力(15%)	M7475B 型平面磨床的电气识图、设备运行、安装、调试与维护				
	M7475B 型平面磨床的电气产品生产现场的设备操作、产品测试和生产管理				
方法能力(15%)	独立学习能力、获取新知识能力				
	决策能力制定、实施工作计划的能力				
社会能力(10%)	公共关系处理能力劳动组织能力				
	集体意识、质量意识、环保意识、社会责任心				

任务 4　M1432A 型万能外圆磨床控制电路安装与故障检修

任务描述

　　M1432A 型万能外圆磨床控制电路安装与维护任务是操作 M1432A 型万能外圆磨床,安装其控制电路,并诊断和排除电气控制电路的常见故障。

任务分析

　　(1) 以 M1432A 型万能外圆磨床为载体,掌握 M1432A 型万能外圆磨床的基本操作。
　　(2) 会识读控制电路图,并说出电路的动作过程。

（3）会安装 M1432A 型万能外圆磨床控制电路，并通电验证。

（4）能正确诊断其电气控制电路的常见故障并能正确排除。

 ## 知识准备

一、M1432A 型万能外圆磨床主要结构及运动形式

M1432A 型万能外圆磨床是目前比较典型的一种普通精度级外圆磨床，可以用来加工外圆柱面及外圆锥面，利用磨床上配备的内圆磨具还可以磨削内圆柱面和内圆锥面，也能磨削阶梯轴的轴肩和端平面。

这种磨床的万能型程度较高，但自动化程度较低，故不适用于大批量生产，常用于单件、小批量生产或工具、修理车间。

M1432A 型万能外圆磨床的外形及结构如图 2-10 所示，它主要由床身、工件头架、工作台、内圆磨具、砂轮架、尾架、控制箱等部件组成。在床身上安装着工作台和砂轮架，并通过工作台支撑着头架及尾架等部件，床身内部用作液压油的储油池。头架用于安装及夹持工件，并带动工件旋转。砂轮架用于支撑并传动砂轮轴。砂轮架可沿床身上的滚动导轨前后移动，实现工作进给及快速进退。内圆磨具用于支撑磨内孔的砂轮主轴，由单独电动机经传动带传动。尾架用于支撑工件，它和头架的前顶尖一起把工件沿轴线顶牢。

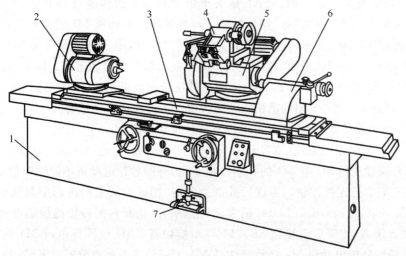

图 2-10　M1432A 型万能外圆磨床的外形及结构

1—床身；2—头架；3—工作台；4—内圆磨具；5—砂轮架；6—尾架；7—急停踏板

工作台由上工作台和下工作台两部分组成，上工作台可相对于下工作台偏转一定角度，用于磨削锥度较小的长圆锥面。

该磨床的主运动是砂轮架主轴带动砂轮作高速旋转运动；头架主轴带动工件作旋转运动；工作台作纵向往复运动和砂轮架作横向进给运动。辅助运动是砂轮架的快速进退运动和尾架套筒的快速退回运动。

二、M1432A 型万能外圆磨床电气电路分析

M1432A 型万能外圆磨床的电路如图 2-11 所示。该电路分为主电路、控制电路和照明指示电路三部分。

1. 主电路分析

主电路共有 5 台电动机,其中,M1 是油泵电动机,由接触器 KM1 控制;M2 是头架电动机,由接触器 KM2、KM3 实现低速和高速控制;M3 是内圆砂轮电动机,由接触器 KM5 控制;M4 是外圆砂轮电动机,由接触器 KM4 控制;M5 是冷却泵电动机,由接触器 KM6 控制。熔断器 FU1 作为电路总的短路保护,熔断器 FU2 作为 M1 和 M2 的短路保护,熔断器 FU3 作为 M3 和 M5 的短路保护。5 台电动机均用热继电器作过载保护。

2. 控制电路分析

控制变压器 TC 将 380 V 的交流电压降为 110 V 供给控制电路,由熔断器 FU8 作短路保护。

(1) 油泵电动机 M1 的控制。按下启动按钮 SB2(3-4),接触器 KM1 线圈得电,KM1(3-4) 的常开触点闭合,油泵电动机 M1 启动运转,指示灯 HL2 亮。按下停止按钮 SB1(2-3),接触器 KM1 线圈失电,KM1(3-4) 的常开触点断开,电动机 M1 停转,灯 HL2 熄灭。

由于其他电动机与油泵电动机在控制电路实现了顺序控制,所以保证了只有当油泵电动机 M1 启动后,其他电动机才能启动的控制要求。

(2) 头架电动机 M2 的控制。SA1 是头架电动机 M2 的转速选择开关,分"低"、"停"、"高"三挡。例如,将 SA1 扳到"低"挡位置(5-7),按下油泵电动机 M1 的启动按钮 SB2(3-4),M1 启动,通过液压传动使砂轮架快速前进,当接近工件时,便压合位置开关 SQ1(4-7),接触器 KM2 线圈得电,其触点动作,头架电动机 M2 接成 △ 形低速启动运转。同理,若将转速选择开关 SA1 扳到"高"挡位置(7-8),砂轮架快速前进压合位置开关 SQ1(4-7)后,使接触器 KM3 线圈得电,KM3 触点动作,头架电动机 M2 又接成 YY 形高速启动运转。

SB3(4-5)是点动控制按钮,以便对工件进行校正和调试。

磨削完毕,砂轮架退回原位,位置开关 SQ1(4-7)复位断开,电动机 M2 自动停转。

(3) 内、外圆砂轮机 M3 和 M4 的控制。由于内、外圆砂轮电动机不能同时启动,故用位置开关 SQ2 对它们实行连锁控制。当进行外圆磨削时,把砂轮架上的内圆磨具往上翻,其后侧压住位置开关 SQ2,这时,SQ2(10-14)的常闭触点断开,切断内圆砂轮的控制电路。SQ2(10-11)的常开触点闭合,按下启动按钮 SB4(11-12),接触器 KM4 线圈得电,KM4 的主触点和自锁触点闭合,外圆砂轮电动机 M4 启动运转,KM4(15-16)连锁触点分断对 KM5 连锁。当进行内圆磨削时,将内圆磨具翻下,原被内圆磨具压下的位置开关 SQ2 复位,按下启动按钮 SB4(14-15),接触器 KM5 得电动作,使内圆砂轮电动机 M3 启动运转。内圆砂轮磨削时,砂轮架不允许快速退回,因为此时内圆磨头在工件的内孔,砂轮架若快速移动,易造成损坏磨头及工件报废的严重事故。为此,内圆磨削与砂轮架的快速退回进行了连锁。当内圆磨具翻下时,由于位置开关 SQ2(10-14)复位,故电磁铁 YA 线圈得电动作,衔铁被吸下,砂轮架快速进退的操作手柄锁住液压回路,使砂轮架不能快速退回。

(4) 冷却泵电动机 M5 的控制。冷却泵电动机 M5 可与头架电动机 M2 同时运转,也可以

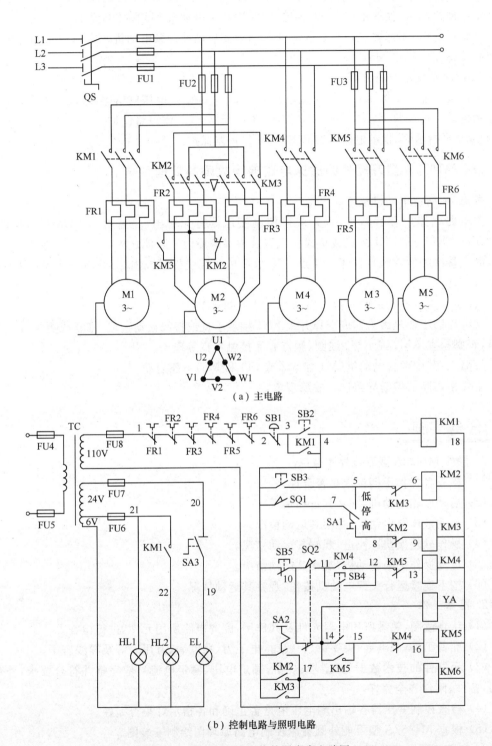

（a）主电路

（b）控制电路与照明电路

图 2-11　M1432A 型万能外圆磨床电路图

单独启动和停止。当控制头架电动机 M2 的接触器 KM2 或 KM3 得电动作时,KM2 或 KM3 常开辅助触点闭合,使接触器 KM6 得电动作,冷却泵电动机 M5 随之自动启动。

修整砂轮时,不需要启动头架电动机 M2,但要启动冷却泵电动机 M5,这时可用开关 SA2 来控制冷却泵电动机 M5。

3. 照明及指示电路分析

控制变压器 TC 将 380 V 的交流电压降为 24 V 的安全电压供给照明电路,6 V 的电压供给指示电路。照明灯 EL 由开关 SA3 控制,由熔断器 FU7 作短路保护。HL1 为刻度照明灯,HL2 为油泵指示灯,指示电路由熔断器 FU6 作短路保护。

三、M1432A 型万能外圆磨床电路典型故障的处理

故障一:所有电动机都不能启动

主电路电路中存有断点,首先观察控制变压器有无输出,然后检查 FU8 是否熔断,或 FU1、FU2、KM1 和 FR1 断线或接线松脱以及损坏等原因。除此之外,还有可能是 1-2-3 点的常闭触点接线松脱或触点损坏、3-4 点 SB2 常开按钮接线松脱或损坏、4-18 点 KM1 线圈接线松脱或损坏。

故障二:头架电动机的一挡能启动另一挡不能启动

这种原因主要是因为速度选择开关 SA1 接触不良或接线松动造成,修复或更换开关 SA1 即可,否则检查 KM2 或 KM3 线圈、触点有无接触不良等现象。

故障三:其中两台电动机(M1 和 M2 或 M3 和 M5)不能启动

主要是熔断器熔断导致这种故障现象。

🔫 任务实施

1. 操作 M1432A 型万能外圆磨床

(1)检查各操作手柄位置是否合理。

(2)启动砂轮电动机,观察其运动情况。

(3)启动液压泵电动机,观察其运动情况。

(4)操作砂轮架快进快退,观察其运动情况。

(5)点动操作头架电动机,观察其运动情况。

(6)按下连续运行头架电动机按钮,观察其运动情况。

2. 准备工作

(1)认真读图,熟悉所用电器元件及其作用,配齐电路所用元件,进行检查。

(2)准备工具,测电笔、尖嘴钳、剥线钳、电工刀、兆欧表、万用表等及导线若干。

(3)元器件的技术数据(如型号、规格、额定电压、额定电流),应完整并符合要求,外观无损伤,备件、附件齐全完好。

(4)检查控制变压器各输出端电压值是否正确和各指示灯是否完好。

(5)根据 M1432A 型万能外圆磨床控制电路原理图绘制安装图。

3. 安装步骤和工艺要求

(1)识读控制电路、照明电路,明确电路所用电器元件及作用,熟悉电路工作原理。

（2）将所用电器元件贴上醒目标号。

（3）按生产工艺要求安装电路。

（4）将三相电源接入控制开关，经教师检查合格后进行通电试车。

4. 注意事项

（1）按步骤正确操作 M1432A 型万能外圆磨床，确保设备安全。

（2）注意观察 M1432A 型万能外圆磨床电气元件的安装位置和走线情况。

（3）严禁扩大故障范围，不得损坏电气元件和设备。

（4）停电后要验电，带电检修时必须由指导教师监护，确保用电安全。

想一想，做一做

（1）为什么头架电动机用双速电动机？

（2）M1432A 型万能外圆磨床电气控制电路中有哪些连锁措施？

（3）根据 M1432A 型万能外圆磨床电气原理图，简述头架电动机的控制过程。

 ## 任务评估

姓名		学号		总成绩	
考核项目	考核点	考核人			得分
		教师	队友		
个人素质考核（15%）	学习态度与自主学习能力				
	团队合作能力				
M1432A 型万能外圆磨床的操作（10%）	M1432A 型万能外圆磨床的结构				
	M1432A 型万能外圆磨床的操作				
M1432A 型万能外圆磨床的控制电路分析与安装（20%）	M1432A 型万能外圆磨床电气识图、设备运行与分析				
	M1432A 型万能外圆磨床安装、调试与维护电气产品				
M1432A 型万能外圆磨床故障的处理（15%）	常见控制电路故障检测与维护				
	常见主电路故障检测与维护				
职业能力（15%）	M1432A 型万能外圆磨床的电气识图、设备运行、安装、调试与维护				
	M1432A 型万能外圆磨床的电气产品生产现场的设备操作、产品测试和生产管理				

续表

姓名		学号		总成绩	
考核项目	考核点		考核人		得分
		教师	队友		
方法能力(15%)	独立学习能力、获取新知识能力				
	决策能力制定、实施工作计划的能力				
社会能力(10%)	公共关系处理能力劳动组织能力				
	集体意识、质量意识、环保意识、社会责任心				

任务 5　T68 卧式镗床控制电路安装与故障检修

任务描述

T68 卧式镗床控制电路安装与维护任务是操作 T68 卧式镗床,安装其控制电路,并诊断和排除电气控制电路的常见故障。

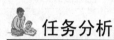

任务分析

(1) 以 T68 卧式镗床为载体,掌握 T68 卧式镗床的基本操作。

(2) 会识读 T68 卧式镗床控制电路图,并说出电路的动作过程。

(3) 会安装 T68 卧式镗床控制电路,并通电验证。

(4) 能正确诊断其电气控制电路的常见故障并能正确排除。

知识准备

镗床通常用于加工尺寸较大且精度要求较高的孔,特别是分布在不同表面上、孔距和位置精度(平行度、垂直度和同轴度等)要求较严格的孔系,如各种箱体和汽车发动机缸体等零件上的孔系加工。

镗床的主要功能是用镗刀进行镗孔,即镗削工件上铸出或已粗钻出的孔。镗床除了镗孔,还可以进行钻孔、铣平面和车削等工作。镗床加工时的运动与钻床类似,但进给运动则根据机床类型和加工条件不同,或者由刀具完成,或者由工件完成。镗床有卧式铣镗床、坐标镗床和精镗床等类型。此外,还有立式镗床、深孔镗床和落地镗床。

一、T68 卧式镗床的结构及运动形式

卧式镗床除镗孔外,还可以用各种孔加工刀具进行钻孔、扩孔和铰孔;可安装端面铣刀铣削平面;可利用其上的平旋盘安装车刀车削端面和短的外圆柱面;利用主轴后端的交换齿轮可

以车削内、外螺纹等。因此,卧式镗床能对工件一次安装后完成大部分或全部的加工工序。卧式镗床主要用于对形状复杂的大、中型零件如箱体、床身、机架等加工精度和孔距精度、形位精度要求较高的零件进行加工。

T68 卧式镗床的结构如图 2-12 所示,主要由床身、前立柱、镗轴、后立柱、后尾筒、下溜板、上溜板、工作台等部分组成。

图 2-12　T68 卧式铣镗床

1—后支架;2—后立柱;3—工作台;4—镗轴;5—平旋盘;6—径向刀具溜板;7—前立柱;
8—主轴箱;9—后尾筒;10—下溜板;11—上溜板;12—床身

床身是一个整体的铸件,在它的一端固定有前立柱,在前立柱的垂直导轨上装有镗头架,镗头架可沿导轨垂直移动。镗头架上装有主轴、主轴变速箱、进给箱与操纵机构等部件。切削刀具固定在镗轴前端的锥形孔里,或装在平旋盘的刀具溜板上。在镗削加工时,镗轴一面旋转,一面沿轴向做进给运动。平旋盘只能旋转,装在其上的刀具溜板做径向进给运动。镗轴和平旋盘轴经由各自的传动链传动,因此可以独自旋转,也可以不同转速同时旋转。

在床身的另一端装有后立柱,后立柱可沿床身导轨在镗轴轴线方向调整位置。在后立柱导轨上安装有尾座,用来支撑镗轴的末端,尾座与镗头架同时升降,保证两者的轴心在同一水平线上。

安装工件的工作台安放在床身中部的导轨上,它由上溜板、下溜板与可转动的工作台组成。下溜板可沿床身导轨作纵向运动,上溜板可沿下溜板的导轨作横向运动,工作台相对于上溜板可作回转运动。

综上所述,T68 卧式镗床具有下列运动形式:

(1) 镗杆的旋转主运动。

(2) 平旋盘的旋转主运动。

(3) 镗杆的轴向进给运动。

(4) 主轴箱垂直进给运动。

（5）工作台纵向进给运动。

（6）工作台横向进给运动。

（7）平旋盘上的径向刀架进给运动。

（8）辅助运动：主轴箱、工作台在进给方向上的快速调位运动、后立柱的纵向调位运动，后支架的垂直调位运动、工作台的转位运动。这些辅助运动可以手动，也可由快速电动机传动。

二、T68 卧式镗床的电气控制电路分析

1. 电力拖动方式和控制要求

（1）卧式镗床的主运动与进给运动由一台电动机拖动。主轴拖动要求恒功率调速，且要求正、反转。

（2）为满足加工过程调整工作的需要，主轴电动机应能实现正、反转点动的控制。

（3）要求主轴制动迅速、准确，为此设有电气制动环节。

（4）主轴及进给变速可在开车前预选，也可在工作过程中进行，为便于变速时齿轮顺利啮合，应设有变速低速冲动环节。

（5）为缩短辅助时间，机床各运动部件应能实现快速移动，并由单独快速移动电动机拖动。

（6）镗床运动部件较多，应设置必要的连锁及保护环节，且采用机械手柄与电气开关联动的控制方式。

① 主电动机采用双速电运动机（△/YY），用以拖动主运动和进给运动。

② 主运动和进给运动的速度调速采用变速孔盘机构。

③ 主电动机能正反转，采用电磁阀制动。

④ 主电动机低速全压启动，高速启动时，需低速启动，延时后自动转为高速。

⑤ 各进给部分的快速移动，采用一台快速移动电动机拖动。

2. 主电路分析

T68 型卧式镗床电路如图 2-13 所示。

电源经低压断路器 QF 引入，M1 为主轴电动机，由接触器 KM1、KM2 控制其正、反转；KM6 控制 M1 低速运转（定子绕组接成三角形，为 4 极），KM7、KM8 控制 M1 高速运转（定子绕组接成双星形，为 2 极）；KM3 控制 M1 反接制动限流电阻。M2 为快速移动电动机，由 KM4、KM5 控制其正反转。热继电器 FR 作 M1 过载保护，M2 为短时运行不需要过载保护。

3. 控制电路分析

由控制变压器 TC 供给 110 V 控制电路电压，36 V 局部照明电压及 6.3 V 指示电路电压。

1）主电动机 M1 的点动控制

主电动机的点动有正向点动和反向点动，分别由主电动机正反转接触器 KM1、KM2、正反转点动按钮 SB3、SB4 组成 M1 电动机正反转控制电路。点动时，M1 三相绕组接成三角形且串入电阻 R 实现低速点动。

以正向点动为例，合上电源开关 QF，按下 SB3(5-16)按钮，接触器 KM1 线圈得电吸合，主

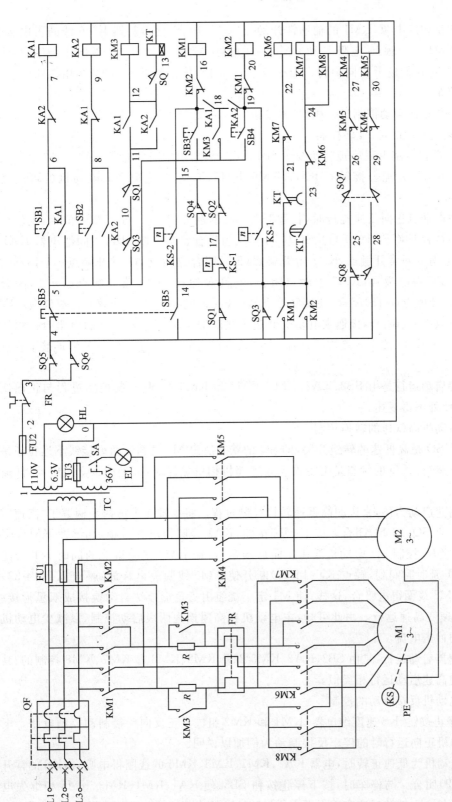

图2-13　T68型卧式镗床电路图

触点接通三相正相序电源,KM1 的辅助常开触点(4-14)闭合,使接触器 KM6 线圈得电吸合,三相电源经 KM1 的主触点,电阻 R 和 KM6 的主触点接通主电动机 M1 的定子绕组,接法为三角形,使电动机在低速下正向旋转。当松开 SB3(5-15)按钮时,KM1、KM6 相继断电,主电动机断电而停车。

反向点动与正向点动控制过程相似,由按钮 SB4、接触器 KM2、KM6 来实现。

2) 主电动机 M1 的正、反转控制

M1 的正、反转控制由正反转启动按钮 SB1、SB2 操作,由中间继电器 KA1、KA2 及正反转接触器 KM1、KM2,并配合接触器 KM3、KM6、KM7、KM8 来完成 M1 电动机的可逆运行控制。

当要求主电动机正向低速旋转时,行程开关 SQ 的触点(12-13)处于断开位置,主轴变速和进给变速用行程开关 SQ1(10-11)、SQ3(5-10)均为闭合状态。按 SB1,中间继电器 KA1 线圈得电吸合,它有 3 对常开触点,KA1 常开触点(5-6)闭合自锁;KA1 常开触点(11-12)闭合,接触器 KM3 线圈得电吸合,KM3 主触点闭合,电阻 R 短接;KA1 常开触点(15-18)闭合和 KM3 的辅助常开触点(5-18)闭合,使接触器 KM1 线圈得电吸合,并将 KM1 线圈自锁。KM1 的辅助常开触点(4-14)闭合,接通主电动机低速用接触器 KM6 线圈,使其通电吸合。由于接触器 KM1、KM3、KM6 的主触点均闭合,故主电动机在全电压、定子绕组三角形连接下直接启动,低速运行。

反向低速启动运行是由 SB2、KA2、KM3、KM2 和 KM6 控制的,其控制过程与正向低速运行相类似,此处不再复述。

3) M1 电动机高低速的转换控制

行程开关 SQ 是高低速的转换开关,即 SQ 的状态决定 M1 是在三角形接线下运行还是在双星形接线下运行。SQ 的状态是由主轴孔盘变速机构机械控制,高速时 SQ 被压动,低速时 SQ 不被压动。

以正向高速启动为例,来说明高低速转换控制过程。将主轴速度选择手柄置于"高速"挡,SQ 被压动,触点 SQ(12-13)闭合。按下 SB1 按钮,KA1 线圈得电并自锁,相继使 KM3、KM1 和 KM6 得电吸合,控制 M1 电动机低速正向启动运行;在 KM3 线圈得电的同时 KT 线圈得电吸合,待 KT 延时时间到,触点 KT(14-21)断开使 KM6 线圈失电释放,触点 KT(14-23)闭合使 KM7、KM8 线圈得电吸合,这样,使 M1 定子绕组由三角形接法自动换接成双星形接线,M1 自动由低速变高速运行。由此可知,主电动机在高速挡为两级启动控制,以减少电动机高速挡启动时的冲击电流。

反向高速挡启动运行,是由 SB2、KA2、KM3、KT、KM2、KM6 和 KM7、KM8 控制的,其控制过程与正向高速启动运行相类似。

4) M1 电动机反接制动的控制

由 SB5 停止按钮、KS 速度继电器、KM1 和 KM2 组成了正反向反接制动控制电路。下面仍以 M1 电动机正向运行时的停车反接制动为例加以说明。

设 M1 电动机为低速正转时,电器 KA1、KM1、KM3、KM6 的线圈得电吸合,KS 的常开触点 KS-1(14-19)闭合。与停车时,按下停止按钮 SB5,使 KA1、KM1、KM3、KM6 相继失电释放。由于电动机 M1 正转时速度继电器 KS-1(14-19)触点闭合,所以按下 SB6 后,使 KM2 线圈得电并自锁,并使 KM6 线圈仍得电吸合。此时 M1 定子绕组仍接成三角形,并串入限流电阻 R 进行反接制动,当转速接近零时,KS 正转常开触点 KS-1(14-19)断开,KM2 线圈失电,反接制动完毕。

若 M1 为正向高速运行,即由 KA1、KM3、KM1、KM7、KM8 控制下使 M1 运转。欲停车时,按下 SB6 按钮,使 KA1、KM3、KM1、KT、KM7、KM8 线圈相继失电,于是 KM2 和 KM6 通电吸合,此时 M1 定子绕组接成三角形,并串入不对称电阻 R 反接制动。

M1 电动机工作在高速正转及高速反转时的反接制动过程可自行分析。

5) 主轴及进给变速控制

T68 卧式镗床的主轴变速与进给变速可在停车时进行,也可以在镗床运行中变速。变速时将变速手柄拉出,转动变速盘,选好速度后,再将变速手柄推回。拉出变速手柄时,相应的变速行程开关不受压;推回变速手柄时,相应的变速行程开关压下,SQ1、SQ2 为主轴变速用行程开关,SQ3、SQ4 为进给变速用行程开关。

(1) 停车变速:由 SQ1~SQ4、KT、KM1、KM2 和 KM6 组成主轴和进给变速时的低速脉冲控制,以便齿轮更好地啮合。

当主轴变速时,将变速孔盘拉出,主轴变速行程开关 SQ1、SQ2 不受压,此时触点 SQ1(4-14),SQ2(17-15)由断开状态变为接通状态,使 KM1 得电并自锁,同时也使 KM6 得电吸合,则 M1 串入电阻 R 低速正向启动。当电动机速度达到 140 r/min 左右时,KS-1(14-17)常闭触点断开,KS-1(14-19)常开触点闭合,使 KM1 线圈失电释放,而 KM2 得电吸合,且 KM6 仍得电吸合。于是,M1 进行反接制动,当转速降到 100 r/min 时,速度继电器 KS 释放,触点复原 KS-1(14-17)常闭触点由断开变接通,KS-1(14-19)常开触点由接通变断开,使 KM2 失电释放,KM1 得电吸合,KM6 仍得电吸合,M1 又正向低速启动。

由上述分析可知:当主轴变速手柄拉出时,M1 正向低速启动,而后又制动为缓慢脉动转动,以利齿轮啮合。当主轴变速完成将主轴变速手柄推回原位时,主轴变速开关 SQ1、SQ2 压下,使 SQ1、SQ2 常闭触点断开,SQ1 常开触点闭合,则低速脉动转动停止。

进给变速时的低速脉动转动与主轴变速时类似,但此时起作用的是进给变速开关 SQ3 和 SQ4。

(2) 运行中变速控制:主轴或进给变速可以在停车状态下进行,也可在运行中进行变速。下面以 M1 电动机正向高速运行中的主轴变速为例,说明运行中变速的控制过程。

M1 电动机在 KA1、KM3、KT、KM1 和 KM7、KM8 控制下高速运行。此时要进行主轴变速,欲拉出主轴变速手柄,主轴变速开关 SQ1、SQ2 不再受压,此时 SQ1(10-11)触点由接通变为断开,SQ1(4-14)、SQ2(17-15)触点由断开变为接通,则 KM3、KT 线圈失电释放,KM1 失电释放,KM2 接通吸合,KM7、KM8 失电释放,KM6 得电吸合。于是 M1 定子绕组接为三角形连接,串入限流电阻 R 进行正向低速反接制动,使 M1 转速迅速下降,当转速下降到速度继电器 KS 释放转速时,又由 KS 控制 M1 进行正向低速脉动转动,以利齿轮啮合。待推回主轴变速手柄时,SQ1、SQ2 行程开关压下,SQ1 常开触点由断开变为接通状态。此时 KM3、KT 和 KM1、KM6 接通吸合,M1 先正向低速(三角形连接)启动,然后在时间继电器 KT 控制下,自动转为高速运行。

6) 快速移动控制

该机床各部件的快速移动,由快速手柄操纵快速移动电动机 M2 拖动完成,包括主轴箱、工作台或主轴的快速移动。快速手柄操纵并联动 SQ7、SQ8 行程开关,控制接触器 KM4 或 KM5,进而控制快速移动电动机 M2 正反转来实现快速移动。将快速手柄扳在中间位置,SQ7、SQ8 均不被压动,M2 电动机停转。若将快速手柄扳到正向位置,SQ7 压下,KM4 线圈得电吸合,快速移动电动机 M2 正转,使相应部件正向移动。同理,若将快速手柄扳向反向快速位置,行程开关 SQ8 被压动,KM5 线圈得电吸合,M2 反转,相应部件获得反向快速移动。

7)连锁保护环节分析

T68 卧式镗床电气控制电路具有完善的连锁与保护环节。

(1)主轴箱或工作台与主轴机动进给连锁。为防止工作台或主轴箱机动进给时出现将主轴或平旋盘刀具溜板也扳到机动进给的误操作,安装有与工作台、主轴箱进给操纵手柄有机械联动的行程开关 SQ5,在主轴箱上安装了与主轴进给手柄、平旋盘刀具溜板进给手柄有机械联动的行程开关 SQ6。

若工作台或主轴箱的操纵手柄扳在机动进给时,压下 SQ5,其常闭触点 SQ5(3-4)断开;若主轴或刀具溜板进给操纵手柄扳在机动进给时,压下 SQ6,其常闭触点 SQ6(3-4)断开,所以,当这两个进给操作手柄中的任一个扳在机动进给位置时,电动机 M1 和 M2 都可启动运行。但若两个进给操作手柄同时扳在机动进给位置时,SQ5、SQ6 常闭触点都断开,切断了控制电路电源,电动机 M1、M2 无法启动,也就是避免了误操作造成事故的危险,实现了连锁保护作用。

(2)M1 电动机正反转控制、高低速控制、M2 电动机的正反转控制均设有互锁控制环节。

(3)熔断器 FU1~FU4 实现短路保护;热继电器 FR 实现 M1 过载保护;电路采用按钮、接触器或继电器构成的自锁环节具有欠压与零压保护作用。

4. 辅助电路分析

机床设有 36 V 安全电压局部照灯 EL,有开关 SA 手动控制。电路还设有 6.3 V 电源接通指示灯 HL。

三、T68 卧式镗床电路典型故障的处理

故障一:主轴变速手柄拉出后,主轴电动机不能冲动

产生这一故障一般有两种现象:一种是变速手柄拉出后,主轴电动机 M1 仍以原来转向和转速旋转,是由于行程开关 SQ3 的动合触点 SQ3(4-9)由于质量等原因绝缘被击穿造成。检修方法:更换 SQ3 即可排除故障。

另一种是变速手柄拉出后,M1 能反接制动,但制动到转速为零时,不能进行低速冲动,是由于行程开关 SQ3 和 SQ5 的位置移动、触点接触不良等,使触点 SQ3(5-10)、SQ5(3-4)不能闭合或速度继电器的动断触点 KS(14-17)不能闭合所致。检修方法是调整行程开关 SQ3 和 SQ5 的位置,如果不能排除故障,再更换行程开关 SQ3 和 SQ5 或 速度继电器。

故障二:主轴电动机正转点动、反转点动正常,但不能正反转

故障可能在控制电路 4-9-10-11-KM3 线圈有断开点,检查电路,找出断点。

故障三:主轴电动机正转、反转均不能自锁

故障可能在 4-KM3 动合辅助触点(5-18)中,检查 KM3 动合辅助触点(4-17)两端连接是否完好。

故障四:主轴电动机不能制动

可能原因有:速度继电器损坏、SB1 中的动合触点接触不良、3-13-14-16 号线中有脱落或断开、KM2(14-16)、KM1(18-19)触点不通,检查上述部分,连接脱落的电路或更换损坏元件。

故障五:主轴电动机点动、低速正反转及低速接制动均正常,但高、低速转向相反,且当主轴电动机高速运行时,不能停机

可能的原因是误将三相电源在主轴电动机高速和低速运行时,都接成同相序所致,把三相中任两根对调即可。

故障六:不能快速进给

故障可能在 2-24-25-26-KM6 线圈中有断路,检查这条电路,排除故障。

任务实施

1. 操作 T68 卧式镗床

(1) 检查各操作手柄位置是否合理。

(2) 点动主轴电动机,观察其运动情况。

(3) 启动主轴电动机,观察其运动情况。

(4) 操作主轴电动机变速冲动控制。

(5) 启动快速进给电动机的控制,观察其运动情况。

2. 准备工作

(1) 认真读图,熟悉所用电器元件及其作用,配齐电路所用元件,进行检查。

(2) 准备工具,测电笔、尖嘴钳、剥线钳、电工刀、兆欧表、万用表等及导线若干。

(3) 元器件的技术数据(如型号、规格、额定电压、额定电流),应完整并符合要求,外观无损伤,备件、附件齐全完好。

(4) 检查控制变压器各输出端电压值是否正确。

(5) 根据 T68 卧式镗床控制电路原理图绘制安装图。

3. 安装步骤和工艺要求

(1) 识读控制电路、照明电路,明确电路所用电器元件及作用,熟悉电路工作原理。

(2) 将所用电器元件贴上醒目标号。

(3) 按生产工艺要求安装电路。

(4) 将三相电源接入控制开关,经教师检查合格后进行通电试车。

4. 注意事项

(1) 按步骤正确操作 T68 卧式镗床,确保设备安全。

(2) 注意观察 T68 卧式镗床电气元件的安装位置和走线情况。

(3) 严禁扩大故障范围,不得损坏电气元件和设备。

(4) 停电后要验电,带电检修时必须由指导教师监护,确保安全用电。

想一想，做一做

(1) 试述 T68 型铣床主轴电动机 M1 高速启动控制的操作过程及电路工作情况。

(2) 在 T68 型镗床电路中时间继电器 KT 有何作用，其延时长短有何影响？

(3) 试述 T68 型镗床快速进给的控制过程。

(4) 在 T68 型镗床电路中接触器 KM3 在主轴电动机 M1 什么状态下不工作？

(5) T68 型镗床电气控制有哪些特点？

 任务评估

姓名		学号		总成绩	
考核项目	考核点	考核人			得分
		教师	队友		
个人素质考核 (15%)	学习态度与自主学习能力				
	团队合作能力				
T68 卧式镗床的操作(10%)	T68 卧式镗床的结构				
	T68 卧式镗床的操作				
T68 卧式镗床的控制电路分析与安装(20%)	T68 卧式镗床电气识图、设备运行与分析				
	T68 卧式镗床安装、调试与维护电气产品				
T68 卧式镗床故障的处理(15%)	常见控制电路故障检测与维护				
	常见主电路故障检测与维护				
职业能力(15%)	T68 卧式镗床的电气识图、设备运行、安装、调试与维护				
	T68 卧式镗床的电气产品生产现场的设备操作、产品测试和生产管理				
方法能力(15%)	独立学习能力、获取新知识能力				
	决策能力制定、实施工作计划的能力				
社会能力(10%)	公共关系处理能力劳动组织能力				
	集体意识、质量意识、环保意识、社会责任心				

任务 6 X62W 万能铣床控制电路安装与故障检修

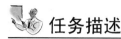 **任务描述**

X62W 万能铣床控制电路安装与维护任务是操作 X62W 万能铣床,安装其控制电路,并诊断和排除电气控制电路的常见故障。

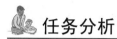 **任务分析**

(1) 以 X62W 万能铣床为载体,掌握 X62W 万能铣床的基本操作。

(2) 会识读 X62W 万能铣床控制电路图,并说出电路的动作过程。

(3) 会安装 X62W 万能铣床控制电路,并通电验证。

(4) 能正确诊断其电气控制电路的常见故障并能正确排除。

 **知识准备**

一、铣床的结构及运动形式

铣床可用来加工平面、斜面、沟槽,装上分度头可以铣切直齿齿轮和螺旋面,装上圆工作台还可铣切凸轮和弧形槽,所以铣床在机械行业的机床设备中占有相当大的比重。铣床按结构型式和加工性能不同,可分为卧式铣床、立式铣床、龙门铣床、仿形铣床和各种专用铣床。

铣床所用的切削刀具为各种形式的铣刀。铣削加工一般有顺铣和逆铣两种形式,分别使用刃口方向不同的顺铣刀与逆铣刀。

万能卧式铣床如图 2-14 所示,由床身 8、悬梁 2、主轴(刀杆)1、纵向工作台 4、横向工作台 6、刀杆托架 3、升降台 7 等组成。床身 8 固定在床座上。床身内装有主轴部件、主变速传动装置及其变速操作机构。悬梁 2 可在床身顶部的燕尾导轨上沿水平方向调整位置。悬梁上的刀杆托架 3 用于支承刀杆,提高刀杆的刚性。升降台 7 可沿床身前侧面的垂直导轨上、下移动,升降台内装有进给运动的变速传动装置、快速传动装置及其操纵机构。横向工作台 6 装在升降台的水平导轨上,床鞍可沿主轴轴线方向移动。床鞍上装有回转工作台 5,回转工作台上的燕尾形导轨上装有纵向工作台 4。纵向工作台可沿导轨作垂直于主轴轴线方向移动,而纵向工作台则通过回转工作台可绕垂直轴线在 45° 范围内调整角度,以用于铣削螺旋表面。

万能卧式铣床的运动形式主要有:

(1) 主运动:铣刀的旋转运动,由主电动机拖动,为适应顺铣与逆铣的需要,主电动机应能正向或反向工作。为实现快速停车,主电动机往往采用电制动方式。

(2) 进给运动:工件在垂直铣刀轴线方向的直线运动,一般是工作台的上下、左右和前后 6 个方向的移动,为保证安全,在加工时只允许一种运动,所以这 6 个方向的运动应该设有互锁。

(3) 辅助运动:工件与铣刀相对位置的调整运动及工作台的回转运动。

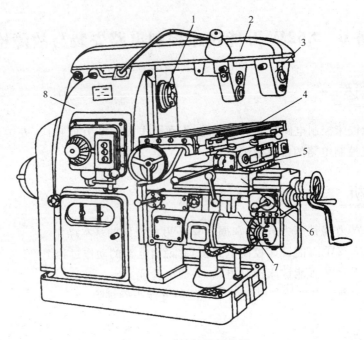

图 2-14 卧式铣床结构图

1—主轴；2—悬梁；3—刀杆托架；4—纵向工作台；5—回转工作台；6—横向工作台；7—升降台；8—床身

铣床的主运动与进给运动间没有比例协调的要求，可采用两台电动机单独拖动，并且进给运动一定要在铣刀旋转之后才能进行，所以，主电动机与进给电动机之间应有可靠的互锁。

为了适应各种不同的切削要求，铣床的主轴与进给运动都应具有一定的调速范围。为便于变速时齿轮的啮合，应有低速冲动环节。

二、X62W 型万能铣床控制电路分析

1. 电力拖动的特点及控制要求

该机床共用 3 台异步电动机拖动，分别是主轴电动机 M1、进给电动机 M2 和冷却泵电动机 M3。

（1）铣削加工有顺铣和逆铣两种方式，所以要求主轴电动机能正反转，但考虑到正反转操作并不频繁（批量顺铣或逆铣），因此在铣床床身下侧电气箱上设置一个组合开关，来改变电源相序实现主轴电动机的正反转。由于主轴传动系统中装有避免振动的惯性轮，使主轴停车困难，故主轴电动机采用电磁离合器制动以实现准确停车。

（2）铣床的工作台要求有前后、左右、上下 6 个方向的进给运动和快速移动，所以也要求进给电动机能正反转，并通过操纵手柄和机械离合器相配合来实现。进给的快速移动是通过电磁铁和机械挂挡来实现的。

（3）根据加工工艺的要求，该铣床应具有以下电气连锁措施：

① 为防止刀具和铣床的损坏，要求只有主轴旋转后才允许有进给运动和进给方向的快速移动。

② 为了减小加工件表面的粗糙度，只有进给停止后主轴才能停止或同时停止。该铣床在

电气上采用了主轴和进给同时停止的方式,但由于主轴运动的惯性很大,实际上就保证了进给运动先停止,主轴运动后停止的要求。

③ 6 个方向的进给运动中同时只能有一种运动产生,该铣床采用了机械操纵手柄和位置开关相配合的方式来实现 6 个方向的连锁。

(4) 主轴运动和进给运动采用变速盘来进行速度选择,为保证变速齿轮进入良好啮合状态,两种移动都要求变速后作瞬时点动。

(5) 当主轴电动机或冷却泵电动机过载时,进给运动必须立即停止,以免损坏刀具和铣床。

(6) 要求有冷却系统、照明设备及各种保护措施。

2. 电气控制电路分析

XA62W 万能铣床的电路图如图 2-15 所示。电路分为主电路、控制电路和照明电路三部分组成。

1) 主电路分析

主电路中共有 3 台电动机,M1 是主轴电动机,拖动主轴带动铣刀进行铣削加工,SA3 作为 M1 的换向开关;M2 是进给电动机,通过操纵手柄和机械离合器的配合拖动工作台前后、左右、上下 6 个方向的进给运动和快速移动,其正反转由接触器 KM3、KM4 来实现;M3 是冷却泵电动机,供应切削液,且当 M1 启动后 M3 才能启动,用手动开关 QS2 控制;3 台电动机共用熔断器 FU1 作短路保护,3 台电动机分别用热继电器 FR1、FR2、FR3 作过载保护。

2) 控制电路分析

控制电路的电源由控制变压器 TC 输出 110 V 电压供电。

(1) 主轴电动机 M1 的控制。为了方便操作,主轴电动机 M1 采用两地控制方式,一组安装在工作台上;另一组安装在床身上。SB1 和 SB2 是两组启动按钮并接在一起,SB5 和 SB6 是两组停止按钮串接在一起。KM1 是主轴电动机 M1 的启动接触器,YC1 是主轴制动用的电磁离合器,SQ1 是主轴变速时瞬时点动的位置开关。主轴电动机是经过弹性联轴器和变速机构的齿轮传动链来实现传动的,可使主轴具有 18 级不同的转速(30～1 500 r/min)。

① 主轴电动机 M1 的启动:启动前,应首先选好主轴的转速,然后合上电源开关 QS1,再把主轴换向开关 SA3 扳到所需要的转向。SA3 的位置及动作说明如表 2-1 所示。按下启动按钮 SB1(4-5)(或 SB2),接触器 KM1 线圈得电,KM1 主触点和自锁触点 KM1(4-5)闭合,主轴电动机 M1 启动运转,KM1 常开辅助触点(4-6)闭合为工作台进给电路提供了电源。

表 2-1　主轴转换开关 SA3 的位置及动作说明

位置	反转	停	正转	位置	反转	停	正转
SA3-1	+	−	−	SA3-3	−	−	+
SA3-2	−	−	+	SA3-4	+	−	−

② 主轴电动机 M1 的制动:当铣削完毕,需要主轴电动机 M1 停止时,按下停止按钮 SB5(或 SB6),SB5-1(2-3)(SB6-1)常闭触点分断,接触器 KM1 线圈失电,KM1 触点复位,电动机 M1 失电惯性运转,电磁离合器回路中的 SB5-2(或 SB6-2)常开触点闭合,接通电磁离合器 YC1,主轴电动机 M1 制动停转。

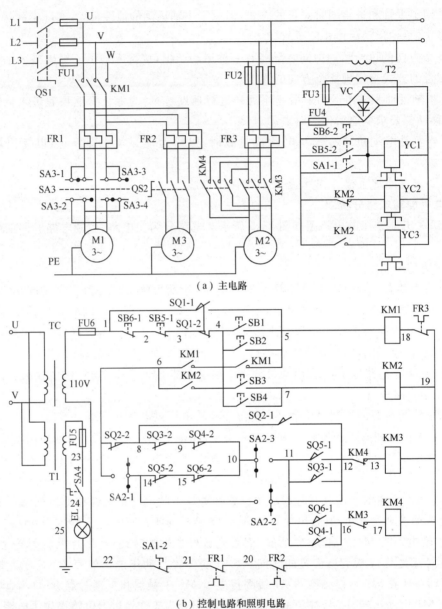

（a）主电路

（b）控制电路和照明电路

图 2-15　X62W 万能铣床电路图

③ 主轴换铣刀控制：M1 停转后并不处于制动状态，主轴仍可自由转动。在主轴更换铣刀时，为避免主轴转动，造成更换困难，应将主轴制动。方法是将转换开关 SA1 扳向换刀位置，这时电磁离合器回路中常开触点 SA1-1 闭合，电磁离合器 YC1 线圈得电，主轴处于制动状态以方便换刀；同时常闭触点 SA1-2（21-22）断开，切断了控制电路，铣床无法运行，保证人身安全。

主轴变速时的瞬时点动（冲动控制）主轴变速操纵箱装在床身左侧窗口上，主轴变速由一个变速手柄和一个变速盘来实现。主轴变速时的冲动控制，是利用变速手柄与冲动位置开关

SQ1 通过机械上的联动机构进行控制的。变速时手柄推动一下位置开关 SQ1,使 SQ1 的常闭触点 SQ1-2(3-4) 先分断,常开触点 SQ1-1(1-5) 后闭合,接触器 KM1 瞬时得电动作,电动机 M1 瞬时启动;紧接着在复位弹簧的作用下 SQ1 触点复位,接触器 KM1 失电释放,电动机 M1 失电。此时电动机 M1 因未制动而惯性旋转,使齿轮系统抖动,在抖动时刻,将变速手柄先快后慢地推进去,齿轮便顺利地啮合。当瞬时点动过程中齿轮系统没有实现良好啮合时,可以重复上述过程直到啮合为止。变速前应先停车。

(2) 进给电动机 M2 的控制。工作台的进给运动在主轴启动后方可进行。工作台的进给可在 3 个坐标的 6 个方向运动,即工作台在回转盘上的左右运动;工作台与回转盘一起在溜板上和溜板一起前后运动;升降台在床身的垂直导轨上作上下运动。这些进给运动是通过两个操作手柄和机械联动机构控制相应的位置开关使进给电动机 M2 正转或反转来实现的,并且 6 个方向的运动是连锁的,不能同时接通。

① 圆形工作台的控制。为了扩大铣床的加工范围,可在铣床工作台上安装附件圆形工作台,进行对圆弧或凸轮的铣削加工。转换开关 SA2 就是用来控制圆形工作台的。当需要圆工作台旋转时,将开关 SA2 扳到接通位置,这时触点 SA2-1(6-14) 和 SA2-3(10-11) 断开,触点 SA2-2(11-14) 闭合,电流经 6-8-9-10-15-14-12-13 路径,使接触器 KM3 得电,电动机 M2 启动,通过一根专用轴带动圆形工作台作旋转运动。当不需要圆形工作台旋转时,转换开关 SA2 扳到断开位置,这时触点 SA2-1(6-14) 和 SA2-3(10-11) 闭合,触点 SA2-2(11-14) 断开,以保证工作台在 6 个方向的进给运动,因为圆工作台的旋转运动和 6 个方向的进给运动也是连锁的。

② 工作台的左右进给运动。工作台的左右进给运动由左右进给操作手柄控制。操作手柄与位置开关 SQ5 和 SQ6 联动,有左、中、右 3 个位置,其控制关系如表 2-2 所示。

表 2-2　工作台左右进给手柄位置及其控制关系

手柄位置	位置开关动作	接触器动作	电动机 M2 转向	传动链搭合丝杠	工作台运动方向
左	SQ5	KM3	正转	左右进给丝杠	向左
中	—	—	停止	—	停止
右	SQ6	KM4	反转	左右进给丝杠	向右

当手柄扳向中间位置时,位置开关 SQ5 和 SQ6 均未被压合,进给控制电路处于断开状态;当手柄扳向左或右位置时,手柄压下位置开关 SQ5 或 SQ6,使常闭触点 SQ5-2(14-15) 或 SQ6-2(10-15) 分断,常开触点 SQ5-1(11-12) 或 SQ6-1(11-16) 闭合,接触器 KM3 或 KM4 得电动作,电动机 M2 正转或反转。由于在 SQ5 或 SQ6 被压合的同时,通过机械机构已将电动机 M2 的传动链与工作台下面的左右进给丝杠相搭合,所以电动机 M2 的正转或反转就拖动工作台向左或向右运动。当工作台向左或向右进给到极限位置时,由于工作台两端各装有一块限位挡铁,所以挡铁碰撞手柄连杆使手柄自动复位到中间位置,位置开关 SQ5 或 SQ6 复位,电动机的传动链与左右丝杠脱离,电动机 M2 停转,工作台停止了进给,实现了左右运动的终端保护。

③ 工作台的上下和前后进给。工作台的上下和前后进给运动是由一个手柄控制的,该手柄与位置开关 SQ3 和 SQ4 联动,有上、下、前、后、中 5 个位置。其控制关系如表 2-3 所示。当手柄扳至中间位置时,位置开关 SQ3 和 SQ4 均未被压合,工作台无任何进给运动;当手柄扳至下或前位置时,手柄压下位置开关 SQ3 使常闭触点 SQ3-2(8-9) 分断,常开触点 SQ3-1(11-

12)闭合,接触器 KM3 得电动作,电动机 M2 正转,带动着工作台向下或向前运动;当手柄扳向上或后时,手柄压下位置开关 SQ4,使常闭触点 SQ4-2(9-10)分断。常开触点 SQ4-1(11-16)闭合,接触器 KM4 得电动作,电动机 M2 反转,带动着工作台向上或向后运动。这里,为什么进给电动机 M2 只有正反两个转向,而工作台却能够在 4 个方向进给呢?这是因为当手柄扳向不同的位置时,通过机械机构将电动机 M2 的传动链与不同的进给丝杠相搭合的缘故。当手柄扳向下或上时,手柄在压下位置开关 SQ3 或 SQ4 的同时,通过机械机构将电动机 M2 的传动链与升降台上下进给丝杠搭合,当 M2 得电正转或反转时,就带着升降台向下或向上运动;同理,当手柄扳向前或后时,手柄在压下位置开关 SQ3 或 SQ4 的同时,又通过机械机构将电动机 M2 的传动链与溜板下面的前后进给丝杠搭合,当 M2 得电正转或反转时,就又带着溜板向前或向后运动。和左右进给一样,当工作台在上、下、前、后 4 个方向的任一方向进给到极限位置时,挡铁都会碰撞手柄连杆。使手柄自动复位到中间位置,位置开关 SQ3 或 SQ4 复位,上下丝杠或前后丝杠与电动机传动链脱离。电动机和工作台就停止了运动。

表 2-3   工作台上、下、中、前、后进给手柄位置及其控制关系

手柄位置	位置开关动作	接触器动作	电动机 M2 转向	传动链搭合丝杠	工作台运动方向
上	SQ4	KM4	反转	上下进给丝杠	向上
下	SQ3	KM3	正转	上下进给丝杠	向下
中	—	—	停止	—	停止
前	SQ3	KM3	正转	前后进给丝杠	向前
后	SQ4	KM4	反转	前后进给丝杠	向后

由以上分析可知,两个操作手柄被置定于某一方向后,只能压下 4 个位置开关 SQ3、SQ4、SQ5、SQ6 中的一个开关,接通电动机 M2 正转或反转电路,同时通过机械机构将电动机的传动链与三根丝杠(左右丝杠、上下丝杠、前后丝杠)中的一根丝杠相搭合,拖动工作台沿选定的进给方向运动,而不会沿其他方向运动。

左右进给手柄与上下前后进给手柄的连锁控制:在两个手柄中,只能进行其中一个进给方向上的操作,即当一个操作手柄被置定在某一进给方向后,另一个操作手柄必须置于中间位置,否则将无法实现任何进给运动,这是因为在控制电路中对两者进行了连锁保护。当把左右进给手柄扳向左时,若又将另一个进给手柄扳到向下进给方向,则位置开关 SQ5 和 SQ3 均被压下,触点 SQ5-2(14-15)和 SQ3-2(8-9)均分断,断开了接触器 KM3 和 KM4 的通路,电动机 M2 只能停转,保证了操作安全。

进给变速时的瞬时点动:和主轴变速时一样,进给变速时,为使齿轮进入良好的啮合状态,也要进行变速后的瞬时点动。进给变速时,必须先把进给操纵手柄放在中间位置,然后将进给变速盘(在升降台前后)向外拉出,使进给齿轮松开,转动变速盘选定进给速度后,再将变速盘向里推回原位,齿轮便重新啮合。在推进的过程中,挡块压下位置开关 SQ2,使触点 SQ2-2(6-8)分断,SQ2-2(8-12)闭合,接触器 KM3 得电动作,电动机 M2 启动;但随着变速盘复位,位置开关 SQ2 跟着复位,使 KM3 断电释放,M2 失电停转。这样使电动机 M2 瞬时点动一下,齿轮系统产生一次抖动,齿轮便顺利啮合。

工作台的快速移动控制:为了提高劳动生产率,减少生产辅助工时,在不进行铣削加工时,可使工作台快速移动。6 个进给方向的快速移动是通过两个进给操作手柄和快速移动按钮配

合实现的。

安装好工件后,扳动进给操作手柄选定进给方向,按下快速移动按钮 SB3 或 SB4(两地控制),接触器 KM2 得电,电磁离合器回路中的 KM2 常闭触点分断,电磁离合器 YC2 失电,将齿轮传动链与进给丝杠分离;KM2 两对常开触点闭合,一对使电磁离合器 YC3 得电,将电动机 M2 与结构丝杠直接搭合;另一对使接触器 KM3 或 KM4 得电动作,电动机 M2 得电正转或反转,带动工作台沿选定的方向快速移动。由于工作台的快速移动采用的是点动控制,故松开 SB3(4-7)或 SB4(4-7),快速移动停止。

(3) 冷却泵及照明电路的控制。主轴电动机 M1 和冷却泵电动机 M3 采用的是顺序控制,即只有在主轴电动机 M1 启动后冷却泵电动机 M3 才能启动。冷却泵电动机 M3 由组合开关 QS2 控制。

铣床照明 T1 变压器供给 24 V 安全电压,由转换开关 SA4 控制照明灯。熔断器 FU5 作照明电路的短路保护。

三、X62W 型万能铣床电路典型故障的处理

故障一:主轴电动机无法启动

(1) 控制电路熔断器 FU3 或 FU4 熔丝熔断,应更换坏的熔断器。

(2) 主轴换相开关在 SA4 在停止位置,扳到接通位置。

(3) 按钮 SB1、SB2、SB3 或 SB4 的触点接触不良,更换接触不良的按钮。

(4) 接触器 KM1 线圈断线或触点接触不良,需要重接或更换。

(5) 热继电器 FR1、FR3 已经动作,没有复位,按复位按钮使其复位。

(6) 主轴变速冲动行程开关 SQ7 的动断触点接触不良,更换 SQ7 行程开关。

故障二:主轴停车时没有制动或制动效果不明显

主轴无制动时,要首先检查按下停止按钮后接触器 KM2 是否吸合,如果 KM2 不吸合,则应检查控制电路。检查时先操作主轴变速冲动手柄,若有冲动,说明是速度继电器或按钮支路发生故障。若 KM2 吸合,则首先检查 KM2 的制动回路是否有缺两相的故障存在,如果制动回路缺两相则完全没有制动现象;其次检查速度继电器的动合触点是否过早断开,如果速度继电器的动合触点过早断开,则制动效果不明显。

故障三:工作台不能快速进给

检查牵引电磁铁回路(如线头脱落、线圈损坏或机械卡死),如果按下 SB6 后,牵引电磁铁吸合正常,则故障是由于杠杆卡死或离合器摩擦片间隙调整不当。

故障四:主轴不能变速冲动

故障原因是主轴变速行程开关 SQ1-1 位置移动、撞坏或断线。

故障五:工作台不能进给

应首先检查横向或垂直进给是否正常,如果正常,进给电动机 M2、主电路、接触器 KM3、KM4,SQ1,SQ2 及与纵向进给相关的公共支路都正常,此时应检查 SQ6(11-16),SQ4(11-17)、SQ3(11-12),只要其中有一对触点接触不良或损坏,工作台就不能向左或向右进给。SQ6 是变速冲动开关,常因变速时手柄操作过猛而损坏。

向上方向不能进给,可依次检查进行快速进给、进给变速冲动或圆工作台向前进给,若上

述操作正常,检查接触器 KM3 是否动作,行程开关 SQ4 是否接通,KM4 的动合互锁触点是否良好,热继电器是否动作,直到检查出故障点。若上述检查都正常,再检查操作手柄的位置是否正确,如果手柄位置正确,则应考虑是否由于机械磨损或位移使操作失灵。

任务实施

1. 操作 X62W 万能铣床

(1) 检查各操作手柄位置是否合理。

(2) 启动主轴电动机,观察其运动情况。

(3) 启动进给电动机,观察其运动情况。

(4) 启动冷却泵电动机,观察其运动情况。

2. 准备工作

(1) 认真读图,熟悉所用电器元件及其作用,配齐电路所用元件,进行检查。

(2) 准备工具,测电笔、尖嘴钳、剥线钳、电工刀、兆欧表、万用表等及导线若干。

(3) 元器件的技术数据(如型号、规格、额定电压、额定电流),应完整并符合要求,外观无损伤,备件、附件齐全完好。

(4) 检查电磁铁是否完好。

(5) 根据 X62W 万能铣床控制电路原理图绘制安装图。

3. 安装步骤和工艺要求

(1) 识读控制电路、照明电路,明确电路所用电器元件及作用,熟悉电路工作原理。

(2) 将所用电器元件贴上醒目标号。

(3) 按生产工艺要求安装电路。

(4) 将三相电源接入控制开关,经教师检查合格后进行通电试车。

4. 注意事项

(1) 按步骤正确操作 X62W 万能铣床,确保设备安全。

(2) 注意观察 X62W 万能铣床电气元件的安装位置和走线情况。

(3) 严禁扩大故障范围,不得损坏电气元件和设备。

(4) 停电后要验电,带电检修时必须由指导教师监护,确保安全用电。

想一想,做一做

(1) 在 X62W 型铣床电路中,电磁离合器 YC1、YC2、YC3 的作用是什么?

(2) X62W 型铣床电气控制具有哪些联锁保护? 为什么要有这些联锁与保护? 它们是如何实现的?

(3) X62W 铣床主轴变速能否在主轴停止时或主轴旋转时进行,为什么?

(4) X62W 铣床电气控制有哪些特点?

(5) X62W 铣床进给变速能否在运行中进行,为什么?

(6) X62W 铣床电气控制有哪些特点?

任务评估

姓名			学号		总成绩	
考核项目	考核点		考核人			得分
			教师	队友		
个人素质考核 (15%)	学习态度与自主学习能力					
	团队合作能力					
X62W 型万能铣床 的操作(10%)	X62W 型万能铣床的结构					
	X62W 型万能铣床的操作					
X62W 型万能铣床 的控制电路分析与安 装(20%)	X62W 型万能铣床电气识图、设备运行与分析					
	X62W 型万能铣床安装、调试与维护电气产品					
X62W 型万能铣床 故障的处理(15%)	常见控制电路故障检测与维护					
	常见主电路故障检测与维护					
职业能力(15%)	X62W 型万能铣床的电气识图、设备运行、安装、调试 与维护					
	X62W 型万能铣床的电气产品生产现场的设备操作、 产品测试和生产管理					
方法能力(15%)	独立学习能力、获取新知识能力					
	决策能力制定、实施工作计划的能力					
社会能力(10%)	公共关系处理能力、劳动组织能力					
	集体意识、质量意识、环保意识、社会责任心					

任务7 组合机床控制电路安装与故障检修

任务描述

组合机床控制电路安装与检修任务是操作组合机床,安装其控制电路,并诊断和排除电气控制电路的常见故障。

任务分析

(1)以组合机床为载体,掌握组合机床的基本操作。

(2)会识读组合机床控制电路图,并说出电路的动作过程。

(3)会安装组合机床控制电路,并通电验证。

(4)能正确诊断其电气控制电路的常见故障并能正确排除。

知识准备

一、组合机床的组成及类型

组合机床是采用模块化原理设计的，以通用部件为基础，配以少量专用部件，对一种或若干种工件按已确定的工序进行加工的高效专用机床。

广泛应用于大批量生产行业，如汽车、内燃机、电动机、阀门的机械加工生产线上。

能对工件进行多刀、多面、多工位同时加工；完成钻孔、扩孔、镗孔、攻丝、铣削、车端面等切削工序和焊接、热处理、测量、装配、清洗等非切削工序。

组合机床的特点：

（1）主要用于箱体零件和复杂的孔面加工。

（2）生产率高。因为工序集中，可多面、多工位、多轴、多刀同时自动加工。

（3）加工精度稳定。因为工序固定，可选用成熟的通用部件、精密夹具和自动工作循环来保证加工精度的一致性。

（4）研制周期短，便于设计、制造和使用维护，成本低。因为通用化、系列化、标准化程度高，通用零部件占 $70\%\sim90\%$，通用部件可组织批量生产，进行预制或外购。

（5）自动化程度较高，劳动强度低。

（6）配置灵活。因为结构模块化、组合化，可按工件或工序要求，用大量通用部件和少量专用部件灵活组成各种类型的组合机床及自动线；机床易于改装，产品及工艺变化时，通用部件一般可以重复利用。

1. 组合机床的组成

1）通用部件

如图 2-16 所示，通用部件有滑台 1、切削头 2、动力箱 5、中间底座 8、侧底座 9、立柱 6、立柱底座 7 等组成。

2）专用部件

如图 2-16 所示，专用部件有夹具 3、多轴箱 4。

组合机床的控制系统大多采用机械、液压或气动、电气相结合的控制方式。其中，电气控制又起着中枢连接作用。因此，应注意分析组合机床电气控制系统与机械、液压或气动部分的相互关系。

组合机床电气控制系统的特点，是它的基本电路可根据通用部件的典型控制电路和一些基本控制环节组成，再按加工、操作要求以及自动循环过程，无须或只须作少量修改综合而成。

2. 组合机床的类型

组合机床以动力滑台的台面宽度 $B\geqslant250\ mm$ 或 $B<250\ mm$ 为标志，分为大型或小型组合机床。

1）固定夹具的单工位组合机床

这类组合机床用于加工大、中型箱体类零件。在加工循环中，夹具和工件固定不动，动力部件驱动刀具从单面、两面和多面对工件加工。机床加工精度高，但生产率相对较低。

按机床配置形式和动力部件的进给方向分为：

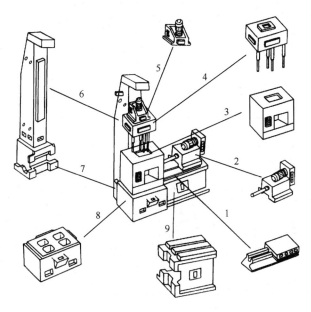

图 2-16　组合机床组成

1—滑台；2—切削头；3—夹具；4—多轴箱；5—动力箱；6—立柱；7—立柱底座；8—中间底座；9—侧底座

（1）卧式：机床可配置成单面、双面和多面形式。

（2）立式：主轴垂直布置，只有单面配置形式。

（3）倾斜式：主轴倾斜布置，可配置成单、双、多面形式。

（4）复合式：立、卧组合 2 种或立、卧、倾斜 3 种的组合。

2）移动夹具的多工位组合机床

这类机床用于中、小型零件的大批量加工。夹具和工件按预定的工作循环，作间歇移动或转动，依次在不同工位进行不同工序的加工。机床的生产率高，但加工精度不如单工位机床高。

（1）移动工作台组合机床。这种机床可先后在两个工位上从两面加工，夹具和工件随工作台直线移动实现工位变换。

（2）回转工作台组合机床。在组合机床的每个工位上可同时加工一个或多个工件。夹具和工件安装在可绕垂轴线回转的工作台上，并作周期转动，实现工位的变换。

（3）中央立柱式组合机床。机床的夹具和工件安装在绕垂轴线回转的环行回转工作台上，作周期转动实现工位变换。

（4）鼓轮式组合机床。在这种机床上，夹具和工件安装在绕水平轴线回转的鼓轮上，并作周期转动实现工位变换。在鼓轮两端布置动力部件，可从两面加工工件。

3. 机床结构与工作循环

组合机床由底座、床身、液压动力滑台、液压站等通用部件以及有关的专用部件组成，如图 2-17所示。

加工时，工件随夹具安装在液压运力滑台上，当发出加工指令后，工作台作快速引进，工件接近动力头处时，工作台改为工作进给速度进给，同时，左铣削动力头启动加工，当进给到一定位置时,右动力头也启动两面同时加工,直至终点时工作进给停止,两动力头停转,经挡铁停留后,液压动力滑台快速退回至原位停止,工作循环结束。

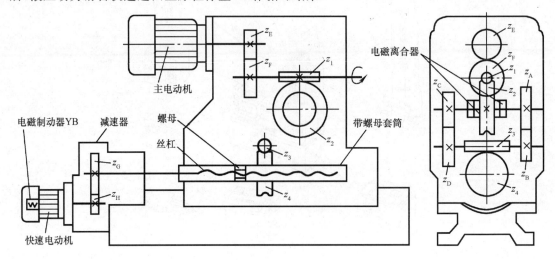

图 2-17　组合机床结构示意图

二、液压系统工作过程

图 2-18 所示为动力滑台液压系统图。

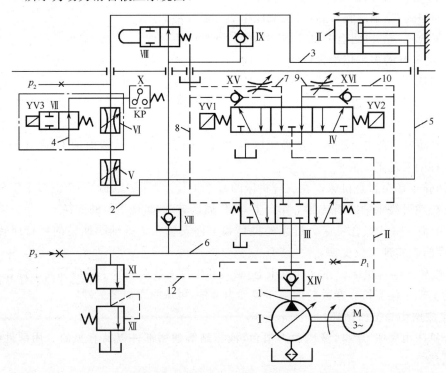

图 2-18　液压动力滑台液压系统图

1. 快速趋近

液压泵电动机启动后,按下 SB3 按钮(见图 2-19)发出滑台快速移动信号,电磁铁 YV1 得电,三位五通电磁阀Ⅳ向右移,控制油路开通,控制三位五通液控换向阀Ⅲ向右移,接通工作油路,压力油经过行程阀进入油缸Ⅱ大腔,而小腔内回油经过阀Ⅲ、阀Ⅺ、阀Ⅵ再进入油缸Ⅱ大腔,油缸体、滑台、工件向前快速移动。

2. 工作进给

液压动力滑台快速移动到工件接近铣削动力头时,滑台上的挡铁压下行程阀Ⅵ,切断压力油通路,此时压力油只能通过调速阀Ⅴ进入油缸大腔,减少进油量,降低滑台移动速度,滑台转为工作进给。此时由于负载增加,工作油路油压升高,顺序阀Ⅷ打开,油缸小腔的回油不再经单向阀Ⅺ流入油缸大腔,而是经顺序阀Ⅷ流回油箱。

3. 挡铁停留

液压动力滑台工作进给终了时,滑台撞上挡铁停止前进,但油路仍处于工作进给状态,油缸大腔内继续进油,至使油压升高,压力继电器 KP 动作。

4. 快速退回停于原位

挡铁停留,压力继电器 KP 动作,其常闭触点打开,使电磁铁 YV1 失电,KP 常开触点闭合电磁铁 YV2 得电,阀Ⅳ左移,控制油控制阀Ⅲ左移,工作压力油直接打入油缸小腔,使缸体、滑台、工件迅速退回。同时大腔内的回油经单向阀Ⅶ、阀Ⅲ无阻挡地流回油箱。工作台快速退回至原位时,压下原位行程开关,电磁铁 YV2 失电,在弹簧作用下,液控换向阀处于中间状态,切断工作油路,系统中各元件均恢复原位状态,滑台停于原位,一个工作循环结束。

三、组合机床控制电路分析

图 2-19 为组合机床电气控制电路。

1. 电力拖动控制要求

(1)两台铣削动力头分别由两台笼形异步电动机拖动,单向旋转,无须电气变速和停机制动控制,但要求铣刀能进行点动对刀。

(2)液压泵电动机单向旋转,机床完成一次半自动工作循环后,液压泵电动机不停机,当按下总停机按钮时才停机。

(3)加工到终点,动力头完全停止后,滑台才能快速退回。

(4)液压动力滑台前进、后退能点动调整。

(5)电磁铁 YV1、YV2 采用直流供电。

(6)机床具有照明、保护和调整环节。

2. 电动机控制电路

M1 为液压泵电动机,操作按钮 SB1 或 SB2,使 KM1 得电或失电,控制电动机启动或停止。

SA1 为机床半自动工作与调整工作的选择开关。SA1 开关置于 A 位置时机床实现半自动工作,左、右铣削动力头的电动机 M2 与 M3 分别由滑台移动到位,按下行程开关 SQ2 或 SQ3,使 KM2、KM3 得电并自锁,M2、M3 分别启动工作。加工到终点时,滑台压下终点行程开关 SQ4,使 KM2、KM3 失电,两动力头停转。

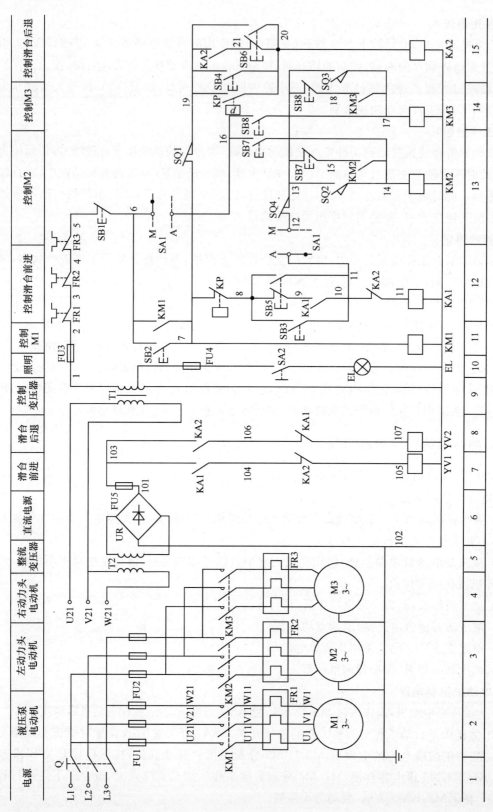

图2-19 组合机床电路图

3. 液压动力滑台控制

液压泵电动机 M1 启动工作后,按下按钮 SB3,继电器 KA1 得电并自锁,电磁铁 YV1 得电,控制液压滑台快速趋近,至滑台压下行程阀,滑台转为工作进给速度进给。工作进给至终点,挡铁停留,进油路油压升高,到压力继电器 KP 动作,KA1 失电,电磁铁 YV1 失电,同时 KA2 得电,电磁铁 YV2 得电,滑台快速退回到原位,按下原位行程开关 SQ1,KA2 失电,YV2 失电,滑台停在原位,一个工作循环结束。

4. 照明电路

机床照明灯 EL 通过控制变压器 T1 降压为 24 V,由开关 SA2 控制。

5. 保护与调整环节

熔断器 FU1 实现对电动机 M1、变压器 T1、T2 一次侧短路保护;FU2 实现对电动机 M2、M3 短路保护;FU3 实现对控制电路做短路保护;FU4 实现对照明电路做短路保护。FU5 实现对电磁铁线圈电路短路保护。

3 台电动机的过载保护分别由 FR1、FR2、FR3 热继电器实现。为了保护刀具与工件安全,当其中一台电动机过载时,要求其余两台电动机均应停止工作。因此,热继电器的常闭触点均应接在控制电路的总电路中。

左、右动力头调整点动对刀时,通过操作转换开关 SA1 于调整位置 M,分别按下按钮 SB7、SB8 实现左、右动力头点动对刀的调整。

液压动力滑台前进、后退的调整是将 SA1 开关置于 M 位置,切断 KM2、KM3 线圈电路,使滑台移动到 SQ2、SQ3 位置时,左、右铣削动力头不应启动工作。按下点动按钮 SB5、SB6,分别使 KA1、KA2 得电,获得滑台前进与后退的点动调整工作。

四、组合机床电路典型故障的处理

故障一:液压泵电动机 M1 不能启动

重点检查液压泵电动机回路(如 SB1 或 SB2、KM1 线圈线头脱落),其次检查控制变压器接头和电压。

故障二:电磁铁 YV1、YV2 不能得电或不能控制滑台循环运动

(1) 利用万用表直流电压挡检查直流电压值是否准确。

(2) 逐一检查电磁铁 YV1、YV2 回路中的电器元件接头是否脱落。

(3) 若滑台不循环运动,首先检查压力继电器 KP 是否接牢,然后检查 KA1、KA2 线圈回路。

任务实施

1. 操作组合机床

(1) 开车前准备:检查各操作手柄位置是否合理。

(2) 启动主轴电动机,观察其运动情况。

(3) 启动进给电动机,观察其运动情况。

(4) 启动冷却泵电动机,观察其运动情况。

2. 准备工作

（1）认真读图，熟悉所用电器元件及其作用，配齐电路所用元件，进行检查。

（2）准备工具，测电笔、尖嘴钳、剥线钳，电工刀、兆欧表、万用表等及导线若干。

（3）元器件的技术数据（如型号、规格、额定电压、额定电流），应完整并符合要求，外观无损伤，备件、附件齐全完好。

（4）检查直流输出端电压值是否正确。

（5）根据组合机床控制电路原理图，绘制安装图。

3. 安装步骤和工艺要求

（1）识读控制电路、照明电路，明确电路所用电器元件及作用，熟悉电路工作原理。

（2）将所用电器元件贴上醒目标号。

（3）按生产工艺要求安装电路。

（4）将三相电源接入控制开关，经教师检查合格后进行通电试车。

4. 注意事项

（1）按步骤正确操作组合机床，确保设备安全。

（2）注意观察组合机床电气元件的安装位置和走线情况。

（3）严禁扩大故障范围，不得损坏电气元件和设备。

（4）停电后要验电，带电检修时必须由指导教师监护，确保安全用电。

想一想，做一做

（1）在组合机床电路中，电磁离合器 YV1、YV2 的作用是什么？

（2）试述组合机床电路中行程开关 SQ1、SQ2、SQ3 的作用。

（3）试述 M2 电动机的控制过程。

（4）试述液压回路动作过程。

 任务评估

姓名			学号		总成绩	
考核项目	考核点		考核人			得分
			教师	队友		
个人素质考核（15%）	学习态度与自主学习能力					
	团队合作能力					
组合机床的操作（10%）	组合机床的结构					
	组合机床的操作					
组合机床的控制电路分析与安装（20%）	组合机床电气识图、设备运行与分析					
	组合机床安装、调试与维护电气产品					

姓名		学号		总成绩	
考核项目	考核点	考核人			得分
		教师	队友		
组合机床故障的处理(15%)	常见控制电路故障检测与维护				
	常见主电路故障检测与维护				
职业能力(15%)	组合机床的电气识图、设备运行、安装、调试与维护				
	组合机床的电气产品生产现场的设备操作、产品测试和生产管理				
方法能力(15%)	独立学习能力、获取新知识能力				
	决策能力制定、实施工作计划的能力				
社会能力(10%)	公共关系处理能力、劳动组织能力				
	集体意识、质量意识、环保意识、社会责任心				

学习情境 ③ 典型电气控制系统设计、安装与故障检修

电气控制系统设计是在学习基本电气控制电路和机床控制电路的基础上进行的实训。本实训首先介绍电气控制设计的基本步骤,给出设计的基本要求,提出设计的基本思路及需要考虑的问题,以及电气控制需要的参数计算,然后根据电气控制要求进行系统的电路设计、安装、调试。通过本次实训,学生可以很好地掌握电气控制的基本方法,使学生能够根据生产过程的电气控制系统有一个全面、系统的认识,提高学生的综合职业能力。

【学习目标】

1. 知识目标

(1) 熟悉电气控制的一般原则。

(2) 掌握电气控制的内容及步骤。

(3) 熟悉电气控制原理图的基本要求。

(4) 熟悉电气电路设计的主要参数的计算及电器元件的选用。

(5) 熟悉电气控制装置的工艺设计。

2. 技能目标

(1) 具备电气控制过程特点分析能力。

(2) 通过完成工作任务培养学生的电气控制技能等专业能力。

(3) 通过完成任务的过程培养学生计划、分析、自学等能力。

(4) 具备电气控制系统的设计、安装、维护的能力。

(5) 具备电气控制的常见故障的分析判断与处理能力。

3. 情感目标

(1) 具有良好的思想政治素质和职业道德。

(2) 具有较强的计划、组织、协调和团队合作能力。

(3) 具有严格执行工作程序、工作规范、工艺文件和安全操作规程能力。

(4) 具有安全文明生产的习惯,具有较强的口头与书面表达能力、人际沟通能力。

【教学资源配备】

(1) 低压电器元件。

(2) 电工实训操作台。

(3) 成套电工工具。

(4) 电工测量仪器仪表。

【工作任务分析】

学习情境 3　典型电气控制系统设计		
任务　运料小车控制电路的设计、安装与故障检修	建议学时:28 学时	难度系数:★★★
学习活动设计: (1) 分组讨论运料小车的动作过程 (2) 分组讨论电气控制所需的电器元件 (3) 各组确定控制方案 (4) 分组安装控制电路 (5) 师生探讨控制电路的设计方法、安装、故障处理 (6) 师生共同总结电气控制系统设计	技能点: (1) 分析电气控制过程 (2) 明确所需电器元件 (3) 确定电气控制方案 (4) 正确组装控制电路 (5) 控制电路调试与故障处理 (6) 编写设计说明书 (7) 运用继电器-接触器电气控制系统的设计方法来解决实际工程问题	

任务　运料小车控制电路的设计、安装与故障检修

任务描述

设计某工厂运料小车的控制电路,同时满足以下要求:

(1) 运料小车启动后,前进运行到 A 地,然后做以下往复运动:

到达 A 地后,停 2 min 等待装料,装满料后自动向 B 地运行。

到达 B 地后,停 2 min 等待卸料,卸完料后再自动向 A 地运行。

(2) 有过载和短路保护。

(3) 运料小车可停在任意位置。

(4) 运料小车由一台电动机的正反转拖动左右运行。

运料小车示意图如图 3-1 所示。

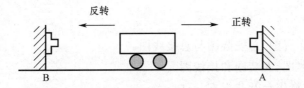

图 3-1　运料小车示意图

任务分析

(1) 以运料小车为载体,掌握电气控制系统设计的基本知识。

(2) 会分析电气控制的动作过程。

(3) 能够根据任务要求进行电气控制的系统设计。

(4) 会安装控制电路,并通电验证。

（5）能正确诊断其电气控制电路的常见故障，并能正确排除。

（6）熟练运用继电器-接触器电气控制系统的设计方法来解决实际工程问题。

 知识准备

一、电气控制系统设计的一般原则、基本内容

1. 电气控制系统设计的一般原则

（1）要求最大限度地满足生产机械和生产工艺对电气控制系统的要求。电气控制系统设计的依据主要来源于生产机械和生产工艺的要求。

（2）设计方案要合理。在满足控制要求的前提下，设计方案应力求简单、经济、便于操作维护。

（3）机械设计与电气设计应相互配合。许多生产机械采用机电结合控制的方式来实现控制要求，因此要从工艺要求、制造成本、结构复杂性、使用维护方便等方面协调处理好机械和电气的关系。

（4）确保控制系统安全可靠地工作。

2. 电气控制系统设计的基本任务、内容

电气控制系统设计的基本任务是根据控制要求设计、编制出设备制造和使用维修过程中所必需的图纸、资料等。图纸包括电气原理图、电气系统的组件划分图、电器元件布置图、安装接线图、电气箱图、控制面板图、电器元件安装底板图和非标准件加工图等。

电气控制系统设计的内容主要包含原理设计与工艺设计两部分：

1）原理设计内容

（1）拟订电气控制系统设计任务书。

（2）确定电力拖动方案，选择电动机。

（3）设计电气控制原理图，计算主要技术参数。

（4）选择电器元件，制订元器件明细表。

（5）编写设计说明书。

2）工艺设计内容

（1）设计电气总布置图、总安装图与总接线图。

（2）设计组件布置图、安装图和接线图。

（3）设计电气箱、操作台及非标准元件。

（4）列出元件清单。

（5）编写使用维护说明书。

3. 电气控制系统设计的一般步骤

（1）拟订设计任务书。设计任务书是整个电气控制系统的设计依据，也是设备竣工验收的依据。由技术领导部门、设备使用部门和任务设计部门等共同完成。

电气控制系统的设计任务书中，主要包括以下内容：

① 设备名称、用途、基本结构、动作要求及工艺过程介绍。

② 电力拖动的方式及控制要求等。

③ 电气连锁、保护要求。

④ 自动化程度、稳定性及抗干扰要求。

⑤ 操作台、照明、信号指示、报警方式等要求。

⑥ 设备验收标准。

⑦ 其他要求。

（2）确定电力拖动方案。电力拖动方案选择是电气控制系统设计的主要内容之一，也是以后各部分设计内容的基础和先决条件。

电力拖动方案主要从以下几方面考虑：

① 拖动方式的选择：电力拖动方式是选择独立拖动还是集中拖动。

② 调速方案的选择：大型、重型设备的主运动和进给运动，应尽可能采用无级调速；精密机械设备为保证加工精度也应采用无级调速；对于一般中小型设备，在没有特殊要求时，可选用经济、简单、可靠的三相笼形异步电动机。

③ 电动机调速性质要与负载特性适应：在选择电动机调速方案时，要使电动机的调速特性与生产机械的负载特性相适应（是恒功率负载还是恒转矩负载），使电动机得到充分合理应用。

（3）拖动电动机的选择：

① 根据生产机械调速的要求选择电动机的种类。

② 在工作过程中电动机容量要得到充分利用。

③ 根据工作环境选择电动机的结构型式。

（4）选择控制方式。控制方式要实现拖动方案的控制要求。随着现代电气技术的迅速发展，生产机械电力拖动的控制方式从传统的继电接触器控制向 PLC 控制、CNC 控制、计算机网络控制等方面发展，控制方式越来越多。控制方式的选择应在经济、安全的前提下，最大限度地满足工艺要求。

（5）设计电气控制原理图，并合理选用元器件，编制元器件明细表。

（6）设计电气设备的各种施工图纸。

（7）编写设计说明书和使用说明书。

二、电气控制原理电路设计的方法与步骤

1. 电气控制原理电路的基本设计方法

电气控制原理电路设计的方法有分析设计法和逻辑设计法。

1）分析设计法（经验设计法）

分析设计法是根据生产工艺的要求选择适当的基本控制环节（单元电路）或将比较成熟的电路按其连锁条件组合起来，并经补充和修改，将其综合成满足控制要求的完整电路。当没有现成的典型环节时，可根据控制要求边分析边设计。

这种设计方法的优点是设计方法简单，没有固定的设计程序，容易为初学者所掌握，在电气设计中被普遍采用；缺点是设计出的方案不一定是最佳方案，当经验不足或考虑不周全时会影响电路工作的可靠性。

2）逻辑设计法

逻辑设计法是利用逻辑代数来进行电路设计，从生产机械的拖动要求和工艺要求出发，将控制电路中的接触器、继电器线圈的通电与断电，触点的闭合与断开，主令电器的接通与断开看成逻辑变量，根据控制要求将它们之间的关系用逻辑关系式来表达，然后再化简，做出相应的电路图。

这种设计方法的优点是能获得理想、经济的方案；缺点是设计难度较大，整个设计过程较复杂，还要涉及一些新概念，因此，在一般常规设计中，很少单独采用。

2. 电气原理图设计的基本步骤

（1）根据任务要求拟订设计任务书。

（2）确定电气传动控制方案、选择电动机。

（3）设计出原理框图中各个部分的具体电路。设计时按主电路、控制电路、辅助电路、连锁与保护、总体检查反复修改与完善的先后顺序进行。

（4）选择电器元件、编制电器元件明细表。

（5）设计操纵台、电气柜。

（6）设计和绘制电气设备布置图、安装图、接线图。

（7）编写电气设计说明书和使用操作说明书。

3. 原理图设计的一般要求

1）电气控制原理应满足工艺的要求

在设计之前必须对生产机械的工作性能、结构特点和实际加工情况有充分的了解，并在此基础上考虑控制方式，启动、反向、制动及调速的要求，设置各种连锁及保护装置。

2）控制电路电源种类与电压数值的要求

对于比较简单的控制电路，往往直接采用交流 380 V 或 220 V 电源，不用控制电源变压器。对于比较复杂的控制电路，应采用控制电源变压器，将控制电压降到 110 V 或 48 V、24 V。对于操作比较频繁的直流电力传动的控制电路，常用 220 V 或 110 V 直流电源供电。直流电磁铁及电磁离合器的控制电路，常采用 24 V 直流电源供电。

交流控制电路的电压必须是下列规定电压的一种或几种：6 V、24 V、48 V、110 V（优选值）、220 V、380 V、50 Hz。

直流控制电路的电压必须是下列规定电压的一种或几种：6 V、12 V、24 V、48 V、110 V、220 V。

3）确保电气控制电路工作的可靠性、安全性

（1）电器元件的工作要稳定可靠，符合使用环境条件，并且动作时间的配合不致引起竞争。

复杂控制电路中，在某一控制信号作用下，电路从一种稳定状态转换到另一种稳定状态，常常有几个电器元件的状态同时变化，考虑到电器元件总有一定的动作时间，对时序电路来说，就会得到几个不同的输出状态。这种现象称为电路的"竞争"。而对于开关电路，由于电器元件的释放延时作用，也会出现开关元件不按要求的逻辑功能输出的可能性，这种现象称为"冒险"。

"竞争"与"冒险"现象都将造成控制电路不能按照要求动作，当电器元件的动作时间可能

影响到控制电路的动作时,需要用能精确反映元件动作时间及其互相配合的方法(如时间图法)来准确分析动作时间,从而保证电路正常工作。

(2)电器元件的线圈和触点的连接应符合国家有关标准规定。

电器元件图形符号应符合 GB/T 4728 中的规定,绘制时要合理安排版面。例如,主电路一般安排在左面或上面,控制电路或辅助电路安排在右面或下面,元器件目录表安排在标题上方。

在实际连接时,应注意以下几点:

(1)正确连接电器线圈。交流电压线圈通常不能串联使用,即使是两个同型号电压线圈也不能采用串联后,接在两倍线圈额定电压的交流电源上,以免电压分配不均引起工作不可靠。图 3-2 所示为线圈的连接图。

在直流控制电路中,对于电感较大的电器线圈,如电磁阀、电磁铁或直流电动机励磁线圈等,不宜与同电压等级的接触器或中间继电器直接并联使用。如图 3-3 所示,当触点 KM 断开时,电磁铁 YA 线圈两端产生较大的感应电动势,加在中间继电器 KA 的线圈上,造成 KA 的误动作。为此在 YA 线圈两端并联放电电阻 R,并在 KA 支路串入 KM 常开触点,如图[见图 3-3(b)]就能可靠工作。

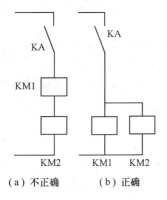

图 3-2　线圈的连接

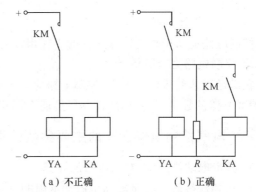

图 3-3　大电感线圈与直流继电器线圈的连接

(2)合理安排电器元件和触点的位置。对于某些回路,电器元件或触点位置互换时,并不影响其工作原理,但在实际运行中,影响电路安全并关系到导线长短。例如,图 3-4(a)所示的接法既不安全又浪费导线。图 3-4(b)所示的接法较为合理。

(3)防止出现寄生电路。寄生电路是指在控制电路的动作过程中,意外出现不是由于误操作而产生的接通电路。图 3-5 所示为一个具有指示灯和过载保护的电动机正反转控制电路。正常工作时,能完成正反向启动、停止与信号指示。但当 FR 动作断开后,电路出现了如图 3-5 中虚线所示的寄生电路,使接触器 KM1 不能可靠释放而得不到过载保护。如果将 FR 触点位置移到 SB1 上端就可避免产生寄生电路。

(4)尽量减少连接导线的数量,缩短连接导线的长度。

(5)控制电路工作时,应尽量减少通电电器的数量,以降低故障的可能性并节约电能。

(6)在电路中采用小容量的继电器触点来断开或接通大容量接触器线圈时,要分析触点容量的大小,若不够,必须加大继电器容量或增加中间继电器,否则工作不可靠。

4）应具有必要的保护环节

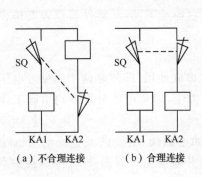

图 3-4　电器元件与触点间的连接

（a）不合理连接　　（b）合理连接

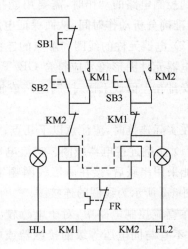

图 3-5　寄生电路

控制电路在事故情况下，应能保证操作人员、电气设备、生产机械的安全，并能有效地制止事故的扩大。为此，在控制电路中应采取一定的保护措施，必要时还可设置相应的指示信号。

5）操作、维修方便

控制电路应从操作与维修人员的工作出发，力求操作简单、维修方便。

6）控制电路力求简单、经济

在满足工艺要求的前提下，控制电路应力求简单、经济。尽量选用标准电气控制环节和电路，缩减电器的数量，采用标准件并尽可能选用相同型号的电器。

三、电气控制电路设计的主要参数计算

1. 异步电动机启动、制动电阻的计算

1）三相绕线转子异步电动机启动电阻的计算

绕线式异步电动机在启动时，为降低启动电流，增加启动转矩，并获得一定的调速范围，常采用转子串电阻降压启动方法，因此要确定外接电阻的级数和电阻的大小。

下面介绍平衡短接法电阻阻值的计算。启动电阻级数确定后，转子绕组中每相串联的各级电阻值，可用下式计算：

$$R_n = k^{m-n} r \tag{3-1}$$

式中，n 为各级启动电阻的序号，$n=1$ 时表示第一级，即最先被短接的电阻；m 为启动电阻级数；k 为常数；r 为最后被短接的那一级电阻值。

k、r 计算：

$$k = \sqrt[m]{\frac{1}{s}} \tag{3-2}$$

$$r = \frac{E_2(1-s)}{\sqrt{3} I_2} \times \frac{k-1}{k^m - 1}$$

式中，s 为电动机额定转差率；E_2 为正常工作时电动机转子电压（V）；I_2 为正常工作时电动机转子电流（A）。

2）笼形异步电动机反接制动电阻的计算

反接制动时，三相定子回路各相串联的限流电阻 R 估算：

$$R \approx k \frac{U_\varphi}{I_s} \qquad (3\text{-}3)$$

式中，U_φ 为电动机定子绕组相电压（V）；I_s 为全压启动电流（A）；k 为系数，当最大反接制动电流 $I_m < I_s$ 时，取 $k=0.13$；当 $I_m < 0.5I_s$ 时，取 $k=1.5$。

2. 笼形异步电动机能耗制动参数

1）能耗制动直流电流与电压的计算

直流电流越大，制动效果越好，但过大的电流引起绕组发热，能耗增加，且当磁饱和后对制动转矩的提高也不明显，通常制动直流电流 I_d 按下式计算

$$I_d = (1\sim2)I_N \text{ 或 } I_d = (2\sim4)I_0 \qquad (3\text{-}4)$$

式中，I_0 为电动机空载电流；I_N 为电动机额定电流。

制动时，直流电压 U_d 为 $\qquad U_d = I_d R \qquad (3\text{-}5)$

R 为两相串联定子绕组的电阻

2）整流变压器参数计算

变压器的示意图如图 3-6 所示。

（1）变压器二次交流电压：

$$U_2 = U_d/0.9 \qquad (3\text{-}6)$$

（2）变压器容量：由于变压器仅在能耗制动时工作，所以容量允许比长期工作时小。根据制动频繁程度，取计算容量的 $25\% \sim 50\%$。

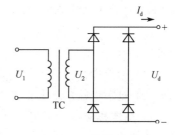

图 3-6 变压器示意图

3. 控制变压器的选用

控制变压器一般用于降低控制电路或辅助电路电压，以保证控制电路安全性和可靠性。选择控制变压器的原则为：

（1）控制变压器一、二次侧电压应与交流电源电压、控制电路电压与辅助电路电压要求相符。

（2）应保证变压器二次侧的交流电磁器件在启动时能可靠地吸合。

（3）电路正常运行时，变压器温升不应超过允许温升。

（4）控制变压器容量的近似算式：

$$S \geqslant 0.6 \sum S_1 + 0.25 \sum S_2 + 0.125 \sum S_3 K \qquad (3\text{-}7)$$

式中，S 为控制变压器容量（V·A）；S_1 为电磁器件的吸持功率（V·A）；S_2 为接触器、继电器启动功率（V·A）；S_3 为电磁铁启动功率（V·A）；K 为电磁铁工作行程 L 与额定行程 L_N 之比的修正系数。当 $L/L_N = 0.5\sim0.8$ 时，$K=0.7\sim0.8$；当 $L/L_N = 0.85\sim0.9$ 时，$K=0.85\sim0.95$；当 $L/L_N = 0.9$ 以上时，$K=1$。

满足上式时，可以保证电器元件的正常工作。式中系数 0.25 和 0.125 为经验数据，当电磁铁额定行程小于 15 mm，额定吸力小于 15N 时，系数 0.125 修正为 0.25。系数 0.6 表示在电压降至 60% 时，已吸合的电器仍能可靠地保持吸合状态。

控制变压器也可按长期运行的温升来考虑，这时变压器容量应大于或等于最大工作负荷

的功率,即

$$S \geqslant \sum S_1 K_1 \tag{3-8}$$

式中,S_1 为电磁器件吸持功率(V·A);K_1 为变压器容量的储备系数,一般 K_1 取 1.1~1.25。控制变压器容量也可按下式计算

$$S \geqslant 0.6 \sum S_1 + 1.5 \sum S_2 \tag{3-9}$$

式中的 S、S_1、S_2 同前式。

4. 接触器的选用

不同的使用场合及控制对象,接触器的操作条件与工作繁重程度也不同。为尽可能经济正确地使用接触器,必须对控制对象的工作情况及接触器的性能有较全面的了解,不能仅看产品的铭牌数据,因接触器铭牌上所标定的电压、电流、控制功率等参数均为某一使用条件下的额定值,选用时应根据具体使用条件正确选择。

(1) 根据接触器所控制负载的工作任务来选择所使用的接触器类别。接触器的触点数量、种类等应满足控制电路的要求。

(2) 根据接触器控制对象的工作参数(如工作电压、工作电流、控制功率、操作频率、工作制等)确定接触器的容量等级。

(3) 根据控制回路电压决定接触器线圈电压。

(4) 对于特殊环境条件下工作的接触器应选用特定的产品。

1) 交流接触器的选用

交流接触器控制的负载可分为电动机负载和非电动机类负载(如电热设备、照明装置、电容器、电焊机等)。

(1) 电动机负载时的选用。把电动机的负载按轻重程度分为一般任务、重任务和特重任务 3 类。

① 一般任务:主要运行于间歇性使用类别,其操作频率不高,用来控制笼形异步电动机或绕线转子电动机,在达到一定转速时断开,并有少量的点动。这种任务在使用中所占的比例很大,并常与热继电器组成电磁启动器来满足控制与保护的要求。属于这一类的典型机械有:压缩机、泵、通风机、升降机、传动带、电梯、搅拌机、离心机、空调机、冲床、剪床等。选配接触器时,只要使选用接触器的额定电压和额定电流等于或稍大于电动机的额定电压和额定电流即可,通常选用 CJ10 系列。

② 重任务:主要运行于包括间歇性和正常运行的混合类别,平均操作频率可达 100 次/h 或以上,用以启动笼形或绕线转子电动机,并常有点动、反接制动、反向和低速时断开。属于这一类的典型机械有车床、钻床、铣床、磨床、升降设备、轧机辅助设备等。在这类设备的控制中,电动机功率一般在 20 kW 以下,因此选用 CJ10Z 系列重任务交流接触器较为合适。为保证电寿命能满足要求,有时可降容来提高电寿命。当电动机功率超过 20 kW 时,则应选用 CJ20 系列。对于中大容量绕线转子电动机,则可选用 CJ12 系列。

③ 特重任务:主要运行于长期运行的类别,操作频率可达 600~1 200 次/h,个别的甚至达 3 000 次/h,用于笼形或绕线转子电动机的频繁点动、反接制动和可逆运行。属于这一类的典型设备有印刷机、拉丝机、镗床、港口起重设备、轧钢辅助设备等。选用接触器时一定要使其电

寿命满足使用要求。对于已按重任务设计的 CJ10Z 等系列接触器可按电寿命选用,电寿命可按与分断电流平方成反比的关系推算。有时,粗略按电动机的启动电流作为接触器的额定使用电流来选用接触器,便可得到较高的电寿命。由于控制容量大,常可选用 CI12 系列。

有时为了减少维护时间和频繁操作带来的噪声,可考虑选用晶闸管交流接触器。

交流接触器的主要参数是:主触点额定电流、额定电压及线圈控制电压。

一般来说,接触器主触点的额定电压应大于或等于负载回路的额定电压。

主触点的额定电流应等于或稍大于实际负载额定电流。对于电动机负载,可以使用以公式计算

$$I_N = \frac{P_N \times 10^3}{k U_N} \tag{3-10}$$

式中,P_N(kW)、U_N(V)分别为受控电动机的额定功率、额定(线)电压,k 为经验系数,一般取 $1\sim1.4$。

查阅每种系列接触器与可控制电动机容量的对应表也是选择交流接触器额定电流的有效方法。

接触器吸引线圈的电压值应取控制电路的电压等级。

(2)非电动机负载时的选用。非电动机负载有电阻炉、电容器、变压器、照明装置等。选用接触器时,除考虑接触器接通容量外,还要考虑使用中可能出现的过电流。

2)直流接触器的选用

直流接触器主要用于控制直流电动机和电磁铁。

(1)控制直流电动机时的选用。首先弄清电动机实际运行的主要技术参数。接触器的额定电压、额定电流(或额定控制功率)均不得低于电动机的相应值。当用于反复短时工作制或短时工作制时,接触器的额定发热电流应不低于电动机实际运行的等效有效电流,接触器的额定操作频率也不应低于电动机实际运行的操作频率。

然后根据电动机的使用类别,选择相应使用类别的接触器系列。

(2)控制直流电磁铁时的选用。控制直流电磁铁时,应根据额定电压、额定电流、通电持续率和时间常数等主要技术参数,选用合适的直流接触器。

5. 电磁式控制继电器的选用

1)类型的选用

继电器的类型及用途可查相关技术手册。首先按被控制或被保护对象的工作要求来选择继电器的种类,然后根据灵敏度或精度要求来选择适当的系列。例如,时间继电器有直流电磁式、交流电磁式(气囊结构)、电动式、晶体管式等,可根据系统对延时精度、延时范围、操作电源要求等综合考虑选用。

2)使用环境的选用

继电器选用时应考虑继电器安装地点的周围环境温度、海拔高度、相对温度、污染等级及冲击、振动等条件,确定继电器的结构特征和防护类别。例如,继电器用于尘埃较多的场所时,应选用带罩壳的全封闭式继电器;当用于湿热带地区时,应选用湿热带型(TH),以保证继电器正常而可靠地工作。

3)使用类别的选用

继电器的典型用途是控制交、直流接触器的线圈等。对应的继电器应按使用类别选用。

4) 额定工作电压、额定工作电流的选用

继电器在相应使用类别下触点的额定工作电流和额定工作电压表征继电器触点所能切换电路的能力。选用时,继电器的最高工作电压可为该继电器的额定绝缘电压。继电器的最高工作电流一般应小于该继电器的额定发热电流。通常一个系列的继电器规定了几个额定工作电压,同时列出相应的额定工作电流(或控制功率)。

选用电压线圈的电流种类和额定电压值时,应注意与系统要求一致。

5) 工作制的选用

继电器一般适用于 8 h 工作制(间断长期工作制)、反复短时工作制和短时工作制。工作制不同对继电器的过载能力要求也不同。

当交流电压(或中间)继电器用于反复短时工作制时,由于吸合时有较大的启动电流,因此其负担比长期工作制时重,选用时应充分考虑此类情况,使用中实际操作频率应低于额定操作频率。

6. 热继电器的选用

(1) 原则上按被保护电动机的额定电流选取热继电器。根据电动机实际负载选取热继电器的整定电流值为电动机额定电流的 $95\%\sim105\%$。对于过载能力较差的电动机,选取热继电器的额定电流为电动机额定电流的 $60\%\sim80\%$。

(2) 对于长期工作或间断长期工作制的电动机,必须保证热继电器在电动机的启动过程中不致误动作。以在 6 倍额定电流下,启动时间不超过 6 s 的电动机所需的热继电器按电动机的额定电流来选取。

(3) 用热继电器作断相保护时的选用。对于星形接法的电动机,只要选用正确、调整合理,使用一般不带断相保护的三相热继电器也能反映一相断线后的过载情况。对于三角形接法的电动机,一相断线后,流过热继电器的电流与流过电动机绕组的电流其增加比例是不同的,这时应选用带有断相保护装置的热继电器。

(4) 三相与两相热继电器的选用。一般故障情况下,两相热继电器与三相热继电器具有相同的保护效果。但在电动机定子绕组一相断线、多台电动机的功率差别比较显著、电源电压不平衡等情况下不宜选用两相热继电器。

7. 熔断器选择

1) 熔断器类型与额定电压的选择

根据负载保护特性和短路电流大小、各类熔断器的适用范围来选用熔断器的类型。根据被保护电路的电压来选择额定电压。

2) 熔体与熔断器额定电流的确定

熔体额定电流大小与负载大小、负载性质密切相关。对于负载平稳、无冲击电流,如照明电路、电热电路可按负载电流大小来确定熔体的额定电流。对于笼形异步电动机,其熔断器熔体额定电流为:

单台电动机: $\qquad I_{fu} = I_N(1.5\sim2.5)$ (3-11)

如多台电动机共用一个熔断器保护

$$I_{fu} = I_N(1.5\sim2.5) + \sum I_N \tag{3-12}$$

轻载启动及启动时间较短时,式中系数取 1.5,重载启动及启动时间较长时,式中系数取 2.5。

熔断器的额定电流按大于或等于熔体额定电流来选择。

3)校核保护特性

对上述选定的熔断器类型及熔体额定电流,还必须校核熔断器的保护特性曲线是否与保护对象的过载特性有良好的配合,使在整个范围内获得可靠的保护。同时,熔断器的极限分段能力应大于或等于所保护电路可能出现的短路电流值,这样才能得到可靠的短路保护。

4)熔断器的配合

为满足选择性保护的要求,应注意熔断器上下级之间的配合,一般要求上一级熔断器的熔断时间至少是下一级的 3 倍,不然将会发生越级动作,扩大停电范围。为此,当上下级采用同一型号的熔断器时,其电流等级以相差两级为宜,若上下级所用的熔断器型号不同,则根据保护特性给出的熔断时间选取。

8. 其他控制电器的选用

1)控制按钮的选用

(1)根据使用场合,选择控制按钮的种类,如开启式、保护式、防水式、防腐式等。

(2)根据用途,选用合适的型式,如手把旋钮式、钥匙式、紧急式、带灯式等。

(3)按控制回路的需要,确定不同的按钮数,如单钮、双钮、三钮、多钮等。

(4)按工作情况的要求,选择按钮的颜色。

2)行程开关的选用

(1)根据应用场合及控制对象选择。有一般用途行程开关和起重设备用行程开关。

(2)根据安装环境选择防护型式,如开启式或保护式。

(3)根据控制回路的电压和电流选择行程开关系列。

(4)根据机械与行程开关的压力与位移关系选择合适的头部型式。

3)自动开关的选用

(1)根据要求确定自动开关的类型,如框架式、塑料外壳式、限流式等。

(2)根据保护特性要求,确定几段保护。

(3)根据电路中可能出现的最大短路电流来选择自动开关的极限分断能力。

(4)根据电网额定电压、额定电流确定开关的容量等级。

(5)初步确定自动开关的类型和等级后,要和其上、下级开关保护特性进行协调配合,从而在总体上满足保护的要求。

四、电气控制装置的工艺设计

电气控制系统在完成原理设计和电器元件选择之后,下一步就是进行电气工艺设计并付之实施。主要有电气控制设备总体布置,总接线图设计,各部分的电器装配图与接线图,各部分的元件目录、进出线号、主要材料清单及使用说明书等。

1. 电气设备的总体布置设计

电气设备总体布置设计的任务是根据电气控制原理图,将控制系统按照一定要求划分为若干个部件,再根据电气设备的复杂程度,将每一部件划分成若干单元,并根据接线关系整理出各部分的进线和出线号,调整它们之间的连接方式。

单元划分的原则:

(1) 功能类似的元件组合在一起。例如,按钮、控制开关、指示灯、指示仪表可以集中在操作台上;接触器、继电器、熔断器、控制变压器等控制电器可以安装在控制柜中。

(2) 接线关系密切的控制电器划为同一单元,减少单元间的连线。

(3) 强弱电分开,以防干扰。

(4) 需经常检查、调试维护易损元件。

电气控制设备的不同单元之间的接线方式通常有以下几种:

(1) 控制板、电器板、机床电器的进出线一般采用接线端子,可根据电流大小和进出线数选择不同规格的接线端子。

(2) 被控制设备与电气箱之间采用多孔接插件,便于拆装、搬运。

(3) 印制电路板及弱电控制组件之间的连接采用各种类型的标准接插件。

2. 绘制电器元件布置图

同一部件或单元中电器元件按下述原则布置:

(1) 一般监视器件布置在仪表板上。

(2) 体积大和较重的电器元件应安装在电器板的下方,发热元件安装在电器板的上方。

(3) 强电、弱电应分开,弱电部分应加装屏蔽和隔离,以防干扰。

(4) 需要经常维护、检修、调整的电器元件安装不宜过高或低。

(5) 电器布置应考虑整齐、美观、对称。尽量使外形与结构尺寸类似的电器安装在一起,便于加工、安装和配线。

(6) 布置电器元件时,应预留布线、接线,并调整操作的空间。

3. 绘制电气控制装置的接线图

电气控制装置的接线图表示整套装置的连接关系,绘制原则:

(1) 接线图的绘制应符合 GB/T 6988.5—2006《电气技术用文件的编制》的规定。

(2) 在接线图中,各电器元件的外形和相对位置要与实际安装的相对位置一致。

(3) 电器元件及其接线座的标注与电气原理图中标注应一致,采用同样的文字符号和线号。项目代号、端子号及导线号的编制分别应符合 GB5094《电气技术中的项目代号》、GB4026《电器接线端子的识别和用字母数字符号标志接线端子的通则》及 GB4884—1985《绝缘导线的标记》等规定。

(4) 接线图应将同一电器元件的各带电部分(如线圈、触点等)画在一起,并用细实线框住。

(5) 接线图采用细线条绘制,应清楚地表示出各电器元件的接线关系和接线去向。

(6) 接线图中要标注出各种导线的型号、规格、截面积和颜色。

(7) 接线端子板上各接线点按接线号顺序排列,并将动力线、交流控制线、直流控制线分类排开。元件的进出线除大截面导线外,都应经过接线板,不得直接进出。

4. 电控柜和非标准零件图的设计

电气控制系统比较简单时,控制电器可以安装在生产机械内部,控制系统比较复杂或操作需要时,都要有单独的电气控制柜。

电气控制柜设计要考虑以下几方面问题：

（1）根据控制面板和控制柜内各电器元件的数量确定电控柜总体尺寸。

（2）电控柜结构要紧凑、便于安装、调整及维修，外形美观，并与生产机械相匹配。

（3）在柜体的适当部位设计通风孔或通风槽，便于柜内散热。

（4）应设计起吊钩或柜体底部带活动轮，便于电控柜的移动。

电控柜结构常设计成立式或工作台式，小型控制设备则设计成台式或悬挂式。电控柜的品种繁多，结构各异。设计中要吸取各种型式的优点，设计出适合的电控柜。

非标准的电器安装零件，如开关支架、电气安装底板、控制柜的有机玻璃面板、扶手等，应根据机械零件设计要求，绘制其零件图。

5. 清单汇总

在电气控制系统原理设计及工艺设计结束后，应根据各种图纸，对本设备需要的各种零件及材料进行综合统计，列出元件清单、标准件清单、材料消耗定额表，以便生产管理部门做好生产准备工作。

6. 编写设计说明书和使用说明书

设计说明和使用说明是设计审定、调试、使用、维护过程中必不可少的技术资料。设计和使用说明书应包含拖动方案的选择依据，本系统的主要原理与特点，主要参数的计算过程，各项技术指标的实现，设备调试的要求和方法，设备使用、维护要求，使用注意事项等。

任务实施

1. 绘制运料小车电气系统图

（1）选择电气控制系统所需的电器元件。

（2）分析电气控制过程。

（3）绘制电气原理图。

2. 准备工作

（1）认真读图，熟悉所用电器元件及其作用，配齐电路所用元件，进行检查。

（2）准备工具，测电笔、尖嘴钳、剥线钳、电工刀、兆欧表、万用表等及导线若干。

（3）元器件的技术数据（如型号、规格、额定电压、额定电流），应完整并符合要求，外观无损伤，备件、附件齐全完好。

（4）检查控制变压器各输出端电压值是否正确。

（5）根据运料小车控制电路原理图，绘制元件布置图、接线图。

3. 安装步骤和工艺要求

（1）识读电气系统图，明确电路所用电器元件及作用，熟悉电路工作原理。

（2）将所用电器元件贴上醒目标号。

（3）按生产工艺要求安装电路。

（4）将三相电源接入控制开关，经教师检查合格后进行通电试车。

4. 编写设计说明书和使用说明书

根据实际情况编写，具体内容略。

5. 注意事项

（1）按步骤正确操作，确保设备安全。

（2）注意电器元件的安装位置和走线情况。

（3）严禁扩大故障范围，不得损坏电气元件和设备。

（4）停电后要验电，带电检修时必须由指导教师监护，确保用电安全。

想一想，做一做

（1）电气控制系统设计的主要步骤和方法是什么？

（2）电气控制的工艺设计主要包括哪些？

 任务评估

姓名		学号		总成绩	
考核项目	考核点	考核人			得分
		教师	队友		
个人素质考核 （15%）	学习态度与自主学习能力				
	团队合作能力				
分析电气控制的要求（10%）	分析控制要求				
	选择电器元件				
绘制电气控制系统图（20%）	选择设计方法				
	绘制电气控制系统图				
安装调试电气控制电路（15%）	安装接线、调试电路				
	编写设计说明书				
职业能力（15%）	电气系统图的设计、安装、调试与维护				
	电气产品生产现场的设备操作、产品测试和生产管理				
方法能力（15%）	独立学习能力、获取新知识能力				
	决策能力制定、实施工作计划的能力				
社会能力（10%）	公共关系处理能力、劳动组织能力				
	集体意识、质量意识、环保意识、社会责任心				

附录 Ⓐ 电气图常用图形符号

名　称	符　号	名　称	符　号	名　称	符　号
低频（工频或亚音频）	∿	中频（音频）	≈	高频（超音频、载频或射频）	≋
交直流		非内在的可变性	↗	非内在非线性的可变性	
内在的可变性	／	内在非线性的可变性		预调、微调 例如：在电流等于零时允许预调	$t=0$
内在的自动控制	↔	按箭头方向的直线运动或力	→		
顺时针方向旋转		逆时针方向旋转		双向旋转	
两个方向均有限制的双向旋转		能量、信号的单向传输	→	同时双向传输	
不同时双向传输	↔	发送		接收	
热效应		电磁效应		机械连接	形式1 形式2
延时动作 注：向圆心方向移动的延时动作	形式1 形式2	自动复位 注：三角指向返回方向	--◁--	手动控制	
		拉拔操作		受限制的手动控制	
推动操作		旋转操作		接触效应操作	
接近效应操作		脚踏操作		滚轮（滚柱）操作	
凸轮操作		气动或液压控制操作		电磁执行器操作	
紧急开关		过电流保护的电磁操作		热执行器操作	
电动机操作	Ⓜ	电钟操作		接地一般符号	
故障		闪络、击穿		导线间绝缘击穿	

名　称	符　号	名　称	符　号	名　称	符　号
永久磁铁		动触点		测试点指示	
导线、电缆和母线一般符号		3 根导线的单线表示	或 ⁄⁄⁄ ⁄3	柔软导线	
屏蔽导线		同轴电缆		屏蔽同轴电缆	
绞合导线（两股）		电缆中的导线（3 股）	形式1 形式2 3	导线的连接	形式1 形式2
端子					
可拆卸的端子		导线的交叉连接	单线表示 多线表示	导线的不连接（跨越）	单线表示 多线表示
导线或电缆的分支和合并					
导线的换位		可变电阻器			
插座	优选形 其他形	插头	优选形 其他形	插头和插座	优选形 其他形
电阻器的一般符号	优选形 其他形	压敏电阻器	U	熔断电阻器	
		热敏电阻器	θ	滑线式变阻器	
带开关的滑动触点电位器		电容器的一般符号	优选形 其他形	极性电容器	优选形 其他形
可变电容器	优选形 其他形	电感器、线圈、绕组、扼流圈		带磁心的电感器	

名　称	符　号	名　称	符　号	名　称	符　号
磁心有间隙的电感器		带磁心连续可调的电感器		半导体二极管一般符号	优选形 其他形
发光二极管	优选形 其他形 	单向击穿二极管、电压调整二极管	优选形 其他形 	双向二极管、交流开关二极管	优选形 其他形
PNP 型半导体管		NPN 型半导体管		集电环或换向器上的电刷	
光电二极管		PNP 型光电半导体管		直流发电机	Ⓖ
直流发电机	Ⓖ	直流电动机	Ⓜ	交流发电机	Ⓖ~
交流电动机	Ⓜ~	直流伺服电动机	ⓈⓂ	交流伺服电动机	ⓈⓂ~
直流测速发电机	ⓉⒼ	交流测速发电机	ⓉⒼ~	直线电动机	Ⓜ
步进电动机	Ⓜ	手摇发电机	Ⓖ	串励直流电动机	Ⓜ
并励直流电动机	Ⓜ	他励直流电动机	Ⓜ	永磁直流电动机	Ⓜ
单相交流串励电动机	Ⓜ 1~	单相同步电动机	ⓂⓈ 1~	单相永磁同步电动机	ⓂⓈ 1~
单相笼形异步电动机	Ⓜ 1~	三相笼形异步电动机	Ⓜ 3~	三相绕线型异步电动机	Ⓜ 3~
交流测速发电机	ⓉⒼ~	电磁式直流测速发电机	ⓉⒼ	永磁直交测速发电机	ⓉⒼ
电机扩大机		铁心		带间隙的铁心	
双绕组变压器	形式1 形式2 	自耦变压器	形式1 形式2 	电抗器、扼流圈	形式1 形式2

名　称	符　号	名　称	符　号	名　称	符　号
电流互感器、脉冲变压器	形式1 形式2	绕组间有屏蔽的双绕组单相变压器	形式1 形式2	星形-三角形连接的三相变压器	形式1 形式2
常开触点 注:本符号也可用作开关一般符号	形式1 形式2	常闭触点 先断后合的转换触点		延时闭合的常开触点	形式1 形式2
延时断开的常开触点	形式1 形式2	延时闭合的常闭触点	形式1 形式2	延时断开的常闭触点	形式1 形式2
延时闭合和延时断开的常开触点		有弹性返回的常开触点		无弹性返回的常开触点	
有弹性返回的常闭触点		手动开关一般符号		按钮开关(动合按钮)	
按钮开关(动断按钮)		拉拔开关		旋钮开关、旋转开关(闭锁)	
液位开关		位置开关和限制开关的常开触点		位置开关和限制开关的常闭触点	
热继电器常闭触点		接触器常开触点		接触器常闭触点	
断路器		隔离开关		负荷开关	
电动机起动器一般符号		星-三角起动器		自耦变压器式起动器	

名　称	符　号	名　称	符　号	名　称	符　号
操作器件一般符号 注：多绕组操作器件可 由适当数值的斜线或 重复本符号来表示	形式1 形式2	熔断器一般符号		跌开式熔断器	
		缓放继电器线圈		缓吸继电器线圈	
热继电器的驱动器件		过流继电器线圈	$I>$	欠压继电器线圈	$U<$
避雷器		电流表	A	电压表	V
示波器		检流计		热电偶	形式1 + 形式2
电度表（瓦时计）	Wh	极性表	±		

参 考 文 献

[1] 赵明,许翏．工厂电气控制设备[M]．2 版．北京:机械工业出版社,2006.

[2] 劳动和社会保障部教材办公室．电力拖动控制电路与技能训练[M]．3 版．北京:中国劳动社会保障出版社,2008.

[3] 韩顺杰,等．电气控制技术[M]．北京:中国林业出版社,北京大学出版社,2006.

[4] 汤煊林,等．工厂电气控制技术[M]．北京:北京理工大学出版社,2009.

[5] 陈立定,等．电气控制与可编程控制器[M]．广州:华南理工大学出版社,2004.

[6] 张连华．电器-PLC 控制技术及应用[M]．北京:机械工业出版社,2007.

[7] 阮友德．电气控制与 PLC[M]．北京:人民邮电出版社,2009.

[8] 卢恩贵．工厂电气控制与 PLC[M]．北京:清华大学出版社,2012.

[9] 许翏,王淑英．电器控制与 PLC 应用技术[M]．北京:机械工业出版社,2005.

[10] 熊幸明,等．工厂电气控制技术[M]．北京:清华大学出版社,2005.

[11] 许翏．电机与电气控制[M]．北京:机械工业出版社,2010.

教材编写申报表

教师信息（郑重保证不会外泄）

姓 名			性 别		年 龄	
工作单位	学校名称		职务/ 职称			
	院系/教研室					
联系方式	通信地址 (＊＊路＊＊号)		邮编			
	办公电话		手机			
	E-mail		QQ			

教材编写意向

拟编写 教材名称		拟担任	主编（ ） 副主编（ ） 参编（ ）
适用专业			
主讲课程 及年限		每年选用 教材数量	是否已有 校本教材
教材简介（包括主要内容、特色、适用范围、大致交稿时间等，最好附目录）			

为了节省您的宝贵时间，请发送邮件至 wufei43@126.com 或 280407993@qq.com 索取本表电子版。

读者意见反馈表

感谢您选用中国铁道出版社出版的图书！为了使本书更加完善，请您抽出宝贵的时间填写本表。我们将根据您的意见和建议及时进行改进，以便为广大读者提供更优秀的图书。

您的基本资料（郑重保证不会外泄）

姓　名：＿＿＿＿＿＿　　职　业：＿＿＿＿＿＿

电　话：＿＿＿＿＿＿　　E-mail：＿＿＿＿＿＿

您的意见和建议

1. 您对本书整体设计满意度

封面创意：□ 非常好　□ 较好　□ 一般　□ 较差　□ 非常差

版式设计：□ 非常好　□ 较好　□ 一般　□ 较差　□ 非常差

印刷质量：□ 非常好　□ 较好　□ 一般　□ 较差　□ 非常差

价格高低：□ 非常高　□ 较高　□ 适中　□ 较低　□ 非常低

2. 您对本书的知识内容满意度

□ 非常满意　□ 比较满意　□ 一般　□ 不满意　□ 很不满意

原因：＿＿＿＿＿＿＿＿＿＿＿＿＿＿＿＿＿＿＿＿＿＿＿＿＿＿

3. 您认为本书的最大特色：

＿＿＿＿＿＿＿＿＿＿＿＿＿＿＿＿＿＿＿＿＿＿＿＿＿＿＿＿＿

4. 您认为本书的不足之处：

＿＿＿＿＿＿＿＿＿＿＿＿＿＿＿＿＿＿＿＿＿＿＿＿＿＿＿＿＿

5. 您认为同类书中，哪本书比本书优秀：

书名：＿＿＿＿＿＿＿＿＿＿＿＿＿＿＿＿＿＿　作者：＿＿＿＿＿＿＿＿

出版社：＿＿＿＿＿＿＿＿＿＿＿＿＿＿＿＿＿＿＿＿＿＿＿＿＿

该书最大特色：＿＿＿＿＿＿＿＿＿＿＿＿＿＿＿＿＿＿＿＿＿＿

6. 您的其他意见和建议：

＿＿＿＿＿＿＿＿＿＿＿＿＿＿＿＿＿＿＿＿＿＿＿＿＿＿＿＿＿

我们热切盼望您的反馈。

为了节省您的宝贵时间，请发送邮件至 wufei43@126.com 或 280407993@qq.com 索取本表电子版。